Die Berechnung der Luftpumpen für Oberflächenkondensationen

unter besonderer Berücksichtigung
der Turbinenkondensationen.

Von

Dr.-Ing. Karl Schmidt,
Diplomingenieur.

Mit 68 in den Text gedruckten Figuren.

Springer-Verlag
Berlin Heidelberg GmbH
1909

Additional material to this book can be downloaded from http://extras.springer.com

ISBN 978-3-662-33697-7 ISBN 978-3-662-34095-0 (eBook)
DOI 10.1007/978-3-662-34095-0

Vorwort.

Auf die Berechnung und Konstruktion der Luftpumpen von Kolbendampfmaschinen, die mit eigener Einspritz- oder Oberflächenkondensation arbeiten, wurde früher im allgemeinen recht wenig Wert gelegt. Viele führende Maschinenfabriken benutzen heute noch die gleichen Luftpumpenmodelle wie vor 20 Jahren. Für die Kolbendampfmaschine genügt bereits eine mäßige Luftleere, um den günstigsten Dampfverbrauch zu erzielen; hierzu reicht eine Luftpumpe von einfachster Konstruktion aus. Erst die Vorteile, welche ein hohes Vakuum für den Dampfturbinenbetrieb bietet, gaben Veranlassung, der Berechnung und dem Bau der Kondensation größere Aufmerksamkeit zu schenken. Insbesondere erwiesen sich die bis dahin gebräuchlichen Luftpumpen in vieler Hinsicht als verbesserungsbedürftig. Die Fortschritte, welche auf diesem Gebiete gemacht wurden, finden sich in einer Reihe von im Laufe der letzten Jahre erschienenen Veröffentlichungen zerstreut. Dagegen fehlte eine zusammenfassende theoretische Behandlung der verschiedenen, hauptsächlich für Kondensationszwecke in Betracht kommenden Luftpumpensysteme. Die vorliegende Abhandlung bezweckt, diese Lücke auszufüllen, soweit es sich speziell um Luftpumpen für Oberflächenkondensationen handelt. Die trockene Schieberluftpumpe mit Druckausgleich, der ein verhältnismäßig breiter Raum gewährt wurde, hat zwar einen großen Teil der Bedeutung, die sie bis vor wenigen Jahren für Kondensationszwecke hatte, infolge der Fortschritte im Bau von Naßluftpumpen und rotierenden Luftpumpen eingebüßt. Immerhin verdient sie auch heute noch den Vorzug, sobald es sich — wie in der chemischen Großindustrie — darum handelt, Gase von niedriger Spannung ohne Wasserdampfgehalt anzusaugen und auf atmosphärischen Druck zu verdichten. Neben der trockenen und nassen Luftpumpe hat in den letzten Jahren, insbesondere für Turbinenkondensationen, die rotierende Luftpumpe schnell eine große Bedeutung gewonnen. Sie ist daher ebenfalls behandelt, soweit es auf Grund der bisher vorliegenden Unterlagen möglich ist. Möge das Buch seinen Zweck, als theoretische Unterlage für die Berechnung und Beurteilung der Luftpumpen für Oberflächenkondensationen zu dienen, erfüllen.

Es sei noch bemerkt, daß für die zum Antrieb der Pumpen erforderliche sekundliche Arbeit in Pferdestärken der gebräuchliche Ausdruck „Kraftbedarf" benutzt ist, an Stelle des korrekten „Leistungsbedarf", der leicht Anlaß zu Verwechslungen mit der volumetrischen Leistung der Pumpen hätte geben können.

Frankfurt a. M., im August 1909.

K. Schmidt.

Inhaltsverzeichnis.

Einleitung.

Die Kolbendampfmaschine, welche mit eigener Kondensation arbeitet, stellt an die Vakuumerzeugung keine hohen Anforderungen. Josse hat durch eingehende Versuche an einer Dreifachexpansionsmaschine*) nachgewiesen, daß man durch Erniedrigung des Gegendruckes unter 0,15 bis 0,20 Atm. abs. keine Verbesserung des Dampfverbrauches mehr erzielt. Der Dampfzylinder und seine Steuerungsorgane eignen sich nicht zur Aufnahme und Durchleitung des mit zunehmendem Vakuum stark wachsenden Dampfvolumens; überdies wird ein etwaiger Gewinn an Diagramminhalt durch Vergrößerung der Wandungsverluste ausgeglichen, eine Folge der mit dem Gegendruck abnehmenden Temperatur der Zylinderwandungen während der Dampfaustrittsperiode. Das für den Dampfverbrauch der Kolbenmaschine günstigste Vakuum von 80—85 % läßt sich durch Oberflächen- oder Einspritzkondensation in Verbindung mit verhältnismäßig sehr einfachen Luftpumpen erreichen, die einen prozentual geringen Teil der indizierten Maschinenleistung absorbieren. Als man dazu überging, auf großen Werken eine Anzahl Dampfmaschinen an eine gemeinsame Zentralkondensation anzuschließen, lohnte es sich, in Anbetracht der großen niederzuschlagenden Dampfmengen, sowohl den Kondensator als auch die Luftpumpe bezw. das Aggregat von Luft-Kondensat- und Kühlwasserpumpe sorgfältig durchzubilden, um mit möglichst geringem Kühlwasserverbrauch und Kraftbedarf das verlangte Vakuum zu erreichen. Noch höhere Anforderungen an die Güte der Kondensation stellt die Dampfturbine. Ihre Konstruktion gestattet, ein gegebenes hohes Vakuum vollständig auszunutzen; gerade die Niederdruckstufen arbeiten mit dem günstigsten thermodynamischen Wirkungsgrad. Die Einführung der Dampfturbine stellte daher an den Konstrukteur die Aufgabe, bei den jeweils gegebenen Kühlwasserverhältnissen das höchste Vakuum zu erzielen, welches sich wirtschaftlich erreichen läßt. Eine gute Luftpumpe ist Vorbedingung hierfür. Der Dampfturbinenbau hat daher den Anstoß gegeben, sowohl die alten im Kolbenmaschinenbau gebräuchlichen Luftpumpen zu verbessern, als auch für den vorliegenden Zweck besonders geeignete Neukonstruktionen zu schaffen.

---

*) Josse, Neuere Wärmekraftmaschinen, S. 38 ff.; Z. d. V. d. Ing. 1909, S. 324.

Während man bei der Kolbendampfmaschine — abgesehen von der Schiffsmaschine — in der Regel der einfacheren Einspritzkondensation den Vorzug gibt, wird heute die Dampfturbine meist in Verbindung mit Oberflächenkondensation ausgeführt. Diese bietet vor allen Dingen den Vorteil, das gewonnene ölfreie und entlüftete Kondensat unmittelbar wieder zur Kesselspeisung verwenden zu können; abgesehen von der hiermit verbundenen Schonung der Dampfkessel übt die Speisung reinen Kondensates auch eine günstige Rückwirkung auf die Turbine aus, insofern als eine schädliche Krustenbildung an den Schaufeln, welche bei Benutzung schlechten Speisewassers oder infolge mangelhafter Speisewasserreinigung häufig eintritt, vermieden wird. Überdies läßt sich bei gleichen Kühlwasserverhältnissen durch eine Oberflächenkondensation leichter und mit geringerem Kraftbedarf ein hohes Vakuum erreichen als bei Einspritzkondensation.

Soll bei gegebener Kühlwassertemperatur ein bestimmtes Vakuum erzielt werden, so bietet die Durchführung des Gegenstromprinzips in gleicher Weise bei Misch- wie Einspritzkondensation den Vorteil des kleinsten Kraftbedarfs für die Pumpen und des geringsten Kühlwasserverbrauchs. Bei der Mischkondensation ist das Gegenstromprinzip nur durch getrennte Entfernung von Luft und Warmwasser aus dem Kondensator durchführbar. Hierzu ist eine getrennte Luft- und Warmwasserpumpe nötig; letztere kann durch ein barometrisches Abfallrohr ersetzt werden. Demgegenüber läßt sich bei der Oberflächenkondensation das Gegenstromprinzip ebensogut durchführen, wenn man Luft und Kondensat gleichzeitig durch eine Naßluftpumpe oder getrennt durch eine Luft- und eine Kondensatpumpe absaugt.*) Im letzteren Falle kann die Kondensatpumpe auch durch ein barometrisches Abfallrohr ersetzt werden. Beide Systeme sind ausführlich behandelt, um zu einem Urteil über ihre Vor- und Nachteile zu gelangen.

*) Siehe z. B. Weiß, Kondensation, S. 84—88.

Erster Abschnitt.

Die Berechnung der erforderlichen Saugleistung der Luftpumpen für Oberflächenkondensationen.

1. Kapitel.

Allgemeine Anordnung der Oberflächenkondensationen.

Fig. 1 und 2 stellen einen Gegenstrom-Oberflächenkondensator für getrennte Absaugung von Luft und Kondensat in einer häufig ausgeführten

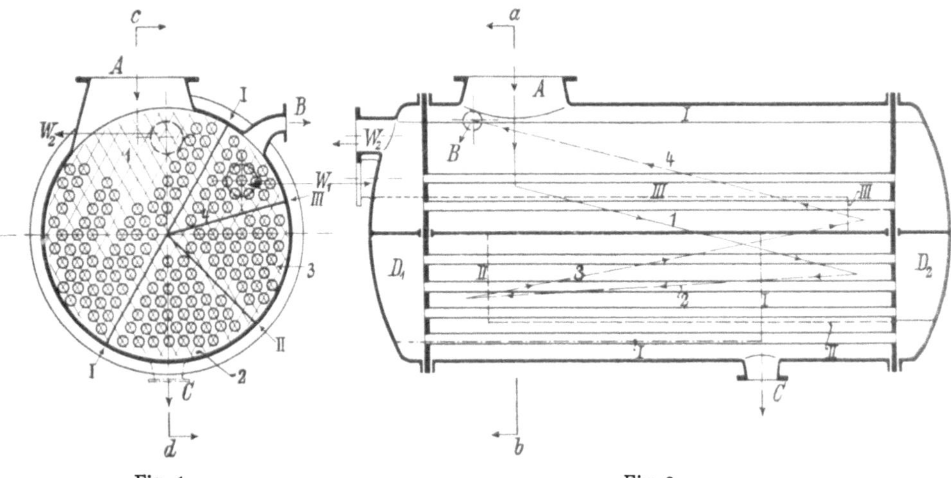

Fig. 1. Schnitt *a—b* der Fig. 2.

Fig. 2. Schnitt *c—d* der Fig. 1.

Anordnung dar. Der niederzuschlagende Dampf umspült die Kühlrohre, welche in den beiden Rohrböden entweder durch Einwalzen befestigt oder zwecks leichterer Reinigung und Auswechslung durch Stopfbüchsen, Gummiringe und dergl. abgedichtet sind und von Kühlwasser durchströmt werden. Um einen langen Gegenstromweg zu erzielen und den Dampf zu zwingen, die ganze Kühlfläche gleichmäßig zu bestreichen, ist das Kondensatorinnere durch Scheidewände *I*, *II*, *III* in mehrere Kammern geteilt, welche durch Aussparungen in den Scheidewänden miteinander in Verbindung stehen.

Der Dampf ist dadurch gezwungen, den in Fig. 2 durch die Zickzacklinie gekennzeichneten Weg vom Dampfeintrittsstutzen A zum Luftsaugstutzen B zurückzulegen. Hier wird er, soweit er nicht kondensiert ist, zusammen mit der Luft abgesaugt. Das Kondensat fließt durch den Stutzen C, der zweckmäßig an einer der ersten Kammern angebracht wird, zur Kondensatpumpe. Das Kühlwasser tritt durch den Stutzen W_1 in den Kondensatordeckel D_1 und wird seinerseits durch in die Kondensatordeckel D_1 und D_2 eingegossene, oder bei schmiedeiserner Ausführung eingenietete, Scheidewände so geführt, daß die Rohrbündel der Kammern 4—1 im Gegenstrom zum Dampfe nacheinander durchflossen werden; durch den Stutzen W_2 tritt es erwärmt aus.

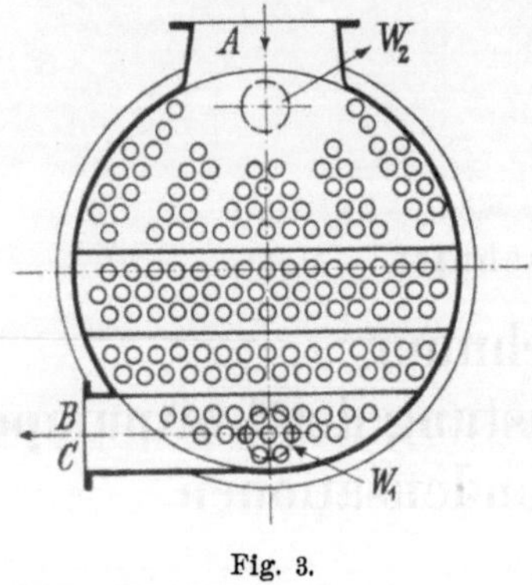

Fig. 3.

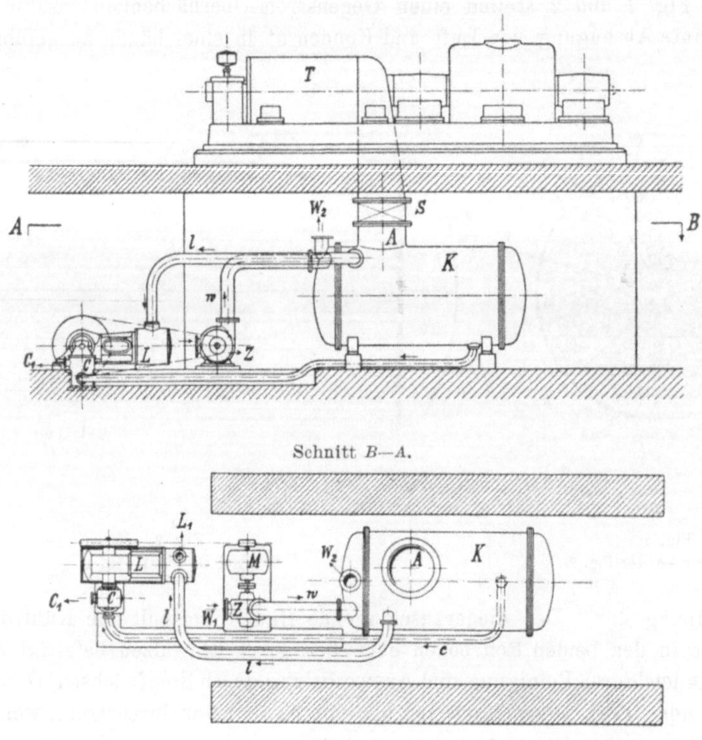

Schnitt B—A.

Fig. 4.

Sollen Luft und Dampf gemeinsam mit dem Kondensat durch eine Naßluftpumpe abgesaugt werden, so wird der Kondensator ähnlich ausgeführt. Da es indes notwendig ist, das Kondensat in diesem Falle ebenso tief zu kühlen, wie die Luft, so werden die Scheidewände meist horizontal oder schwach geneigt angeordnet, wie Fig. 3 zeigt; hierdurch wird das Kondensat gezwungen, den gleichen Gegenstromweg wie Dampf und Luft zurückzulegen. Das Absaugen des Gemisches von Luft, Dampf und Kondensat erfolgt dabei an der tiefsten Stelle des Kondensators durch den Stutzen *B C*.

Fig. 4 zeigt schematisch eine Oberflächenkondensation in der für Dampfturbinen gebräuchlichen Anordnung mit getrennter Absaugung von

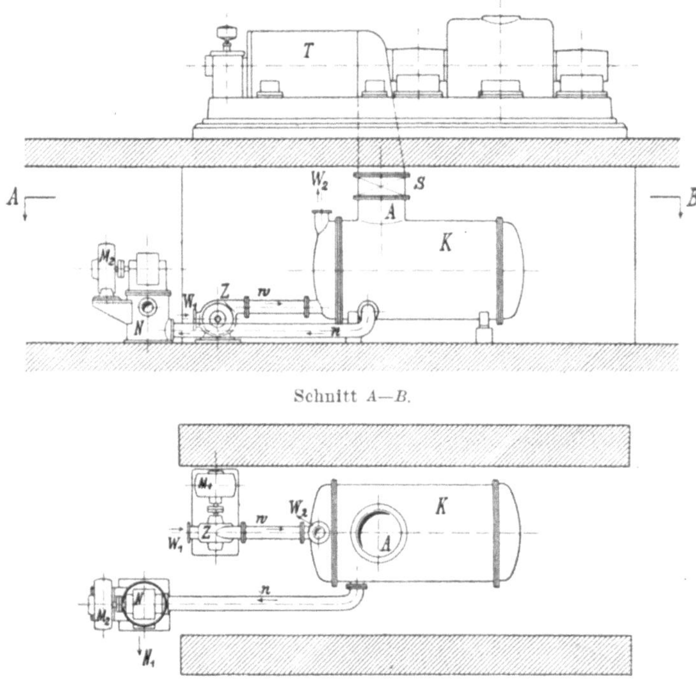

Fig. 5.

Luft und Kondensat im Auf- und Grundriß. Die Kondensatorkonstruktion ist hierbei die gleiche, wie in Fig. 1 und 2. Der Abdampf tritt aus der Turbine *T* durch den Stutzen *A* in den Kondensator *K*. Zwischen beide ist meist ein Schieber *S* eingeschaltet, der einen seitlichen Stutzen mit angeschlossenem Sicherheitsventil erhält. Letzteres verhindert bei einem Versagen der Kondensation während des Betriebes eine unzulässig hohe Drucksteigerung im Kondensator und ermöglicht gleichzeitig, die Turbine mit Auspuff arbeiten zu lassen. Das Kühlwasser gelangt durch den Saugstutzen W_1 der Zentrifugalpumpe *Z* und die Rohrleitung *w* in den Kondensator und fließt durch den Stutzen W_2 am Kondensatordeckel erwärmt ab. Die Luft wird durch die Rohrleitung *l* von der Trockenluftpumpe L abgesaugt und nach Kompression auf atmosphärischen Druck durch den Druckstutzen L_1 ins Freie gedrückt. Das Kondensat fließt durch die Rohrleitung c der Kondensatpumpe C zu und wird durch den Druckstutzen C_1 fortgeführt, meistens um wieder zur Kesselspeisung zu dienen. Bei elektrischem Antrieb pflegt man die Zentrifugalpumpe Z direkt mit einem Motor M zu kuppeln; letzterer treibt dann gleichzeitig durch Riemen die Luftpumpe an, welche ihrerseits meist mit der Kondensatpumpe durch direkte Kupplung oder Zahnradübersetzung verbunden ist.

Fig. 5 zeigt die gleiche Anlage, jedoch in Verbindung mit einer Naßluftpumpe N. Dabei ist direkte Kupplung der letzteren mit einem langsam laufenden Motor M_2 angenommen, während die Zentrifugalpumpe Z durch einen gesonderten Motor M_1 angetrieben wird. Die Kühlwasserstutzen am Kondensatordeckel sind entsprechend Fig. 3 unten (Eintritt) nnd oben (Austritt) angebracht. Die Naßluftpumpe N saugt durch das Rohr n Luft, nicht kondensierten Dampf und Kondensat an und drückt das komprimierte Gemisch durch den Druckstutzen N_1 fort.

2. Kapitel.

Berechnung der Abmessungen der Oberflächenkondensationen.

Die Ermittelung der erforderlichen Luftpumpenleistung muß in Verbindung mit der Berechnung der übrigen Bestandteile der Oberflächen-Gegenstromkondensation erfolgen und kann in nachstehender Weise durchgeführt werden:

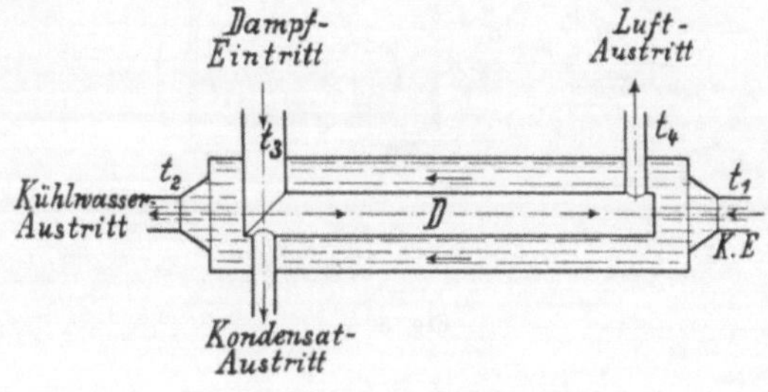

Fig. 6.

Fig. 6 stellt schematisch einen Oberflächen-Gegenstromkondensator für getrennte Luft- und Kondensatabführung, Fig. 7 einen solchen für gemeinsame Abführung dar. Der absolute Kondensatordruck p_0 setzt sich zusammen aus der Dampfspannung d und dem Luftdruck l. Infolge des Gegenstromes nimmt die Temperatur innerhalb des Dampfraumes D von der Dampfeintrittsstelle nach der Luftabsaugstelle hin ab. Da sich überall Wasser — noch dazu in feiner Verteilung infolge der zahlreichen nassen Kühlrohre — befindet, so entspricht die Dampfspannung an jeder Stelle des Kondensators der Temperatur und kann unmittelbar der

Regnaultschen Dampftabelle entnommen werden. Der Kondensatordruck ist natürlich praktisch im ganzen Kondensator konstant. Daraus folgt mit Abnahme des Dampfdruckes d eine gleichzeitige Zunahme des Luftdruckes l. An der Stelle der niedrigsten Temperatur des Dampfraumes D ist deshalb der Luftdruck am größten. Man wird hier also ein mit Luft stark angereichertes Gemisch absaugen können. Es muß daher das Bestreben des Konstrukteurs sein, den Oberflächenkondensator so auszuführen,

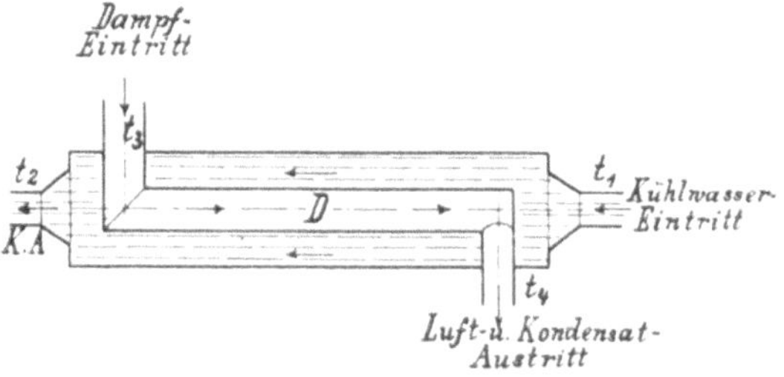

Fig. 7.

daß sich die Temperatur des Dampfluftgemisches an der Absaugestelle möglichst der Temperatur t_1 des eintretenden Kühlwassers nähert. Dann genügt zur Erzielung eines bestimmten Vakuums eine Luftpumpe von kleinsten Abmessungen und geringstem Kraftbedarf. Eine Trennung von Luft und Dampf infolge der Verschiedenheit ihrer spezifischen Gewichte, wie sie O. H. Mueller*) zwar nicht als wahrscheinlich, aber doch als möglich hinstellt, dürfte infolge der starken Strömungen innerhalb des Kondensators ausgeschlossen sein. Trotzdem wird häufig als Vorzug der Naßluftpumpen angeführt, daß die bei den üblichen Kondensatordrücken spezifisch schwerere Luft nach unten sinkt und deshalb zweckmäßig unten zusammen mit dem Kondensat abgesaugt wird.

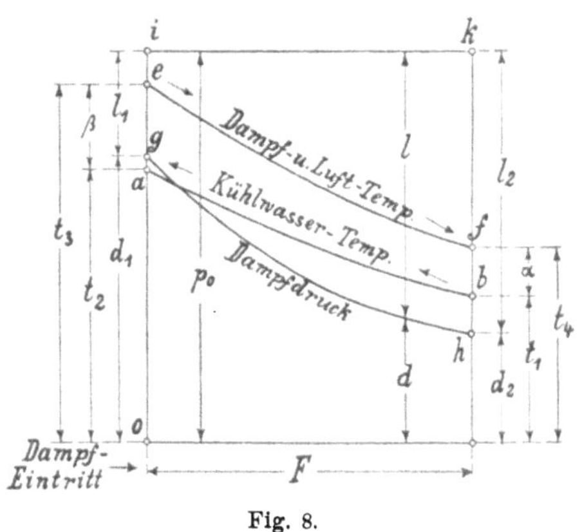

Fig. 8.

Die Kondensation geht in einem nach Fig. 1 und 2 ausgeführten Oberflächenkondensator hauptsächlich in der ersten Kammer bei der Temperatur des eintretenden Dampfes vor sich. Deshalb ist es möglich, wie in Fig. 6 schematisch angedeutet, das Kondensat in der Nähe der Dampfeintrittsstelle mit hoher Temperatur abzusaugen, wenn man die

*) Z. d. V. d. Ing. 1903, S. 1714.

Luft getrennt abführt. Arbeitet man dagegen mit einer Naßluftpumpe, so wird auch das Kondensat auf die Lufttemperatur herabgekühlt, wie aus Fig. 7 ohne weiteres hervorgeht.

In Fig. 8 sind für einen Gegenstrom-Oberflächenkondensator schematisch als Funktion der Kühlfläche — von der Dampfeintrittsstelle als Nullpunkt angefangen — folgende Werte aufgetragen:

1. Kurve ab Kühlwassertemperatur,
2. „ ef Temperatur im Dampfraum des Kondensators,
3. „ gh Druck des gesättigten Dampfes entsprechend Kurve ef,
4. Gerade ik absoluter Kondensatordruck.

Unter Bezugnahme auf Fig. 6—8 werde im folgenden bezeichnet mit:

t_1	die Kühlwasser-Eintrittstemperatur	^{0}C.
t_2	die Kühlwasser-Austrittstemperatur	„
t_3	die Dampf-Eintrittstemperatur	„
t_4	die Gemisch-Absaugetemperatur	„
α	$= t_4 - t_1$	„
β	$= t_3 - t_2$	„
p_0	der absolute Kondensatordruck	kg/qm
d_1	der absolute Dampfdruck an der Eintrittsstelle . . .	„
d_2	der absolute Dampfdruck an der Absaugestelle . . .	„
l_1	der absolute Luftdruck an der Eintrittsstelle . . .	„
l_2	der absolute Luftdruck an der Absaugestelle . . .	„
F	die Kondensatorkühlfläche	qm
D	das stündlich zu kondensierende Dampfgewicht	kg
W	das stündlich verbrauchte Kühlwassergewicht	„
$W' = \frac{W}{1000}$	die stündlich verbrauchte Kühlwassermenge . .	cbm
V	das stündlich in den Kondensator eintretende Luftvolumen, reduziert auf einen absoluten Druck von 10000 kg/qm .	cdcm
Q	die stündlich abzuführende Wärmemenge	WE.
$\lambda - q$*) $= \frac{Q}{D}$	= pro Kilogramm Dampf abzuführende Wärmemenge	„
w	$= \frac{W}{D} = \frac{\text{Kühlwassergewicht}}{\text{Dampfgewicht}}$ = Kühlwasserverhältnis . .	
f	$= \frac{F}{D} = \frac{\text{Kühlfläche}}{\text{stündl. Dampfgewicht}}$ = Oberflächenverhältnis .	qm/kg

*) Hierbei ist unter λ die Gesamtwärme von 1 kg Dampf vom Drucke d_1, unter q die Flüssigkeitswärme von 1 kg abgesaugten Kondensates verstanden und angenommen, daß der Dampf trocken gesättigt in den Kondensator eintritt. Wenn es auch vorkommt, daß der Dampf bei hoher Anfangsüberhitzung schwach überhitzt, oder in anderen Fällen naß in den Kondensator eintritt, so ist in normalen Fällen die tatsächlich pro Kilogramm Dampf abzuführende Wärmemenge doch nur wenig von $\lambda - q$ verschieden.

v $= \frac{V}{D} =$ das pro Kilogramm Dampf in den Kondensator eintretende Luftvolumen, reduziert auf einen absoluten Druck von 10000 kg/qm . . . . cdcm/kg

l $= v \cdot \frac{10\,000}{l_2} =$ erforderliche effektive Saugleistung der Luftpumpe pro Kilogramm Dampf (ausschließlich Kondensatförderung *) . . . . „

L $= l \,.\, D =$ erforderliche effektive stündliche Saugleistung der Luftpumpe . . . . cdcm/Std.

L' $= \frac{L}{1000} =$ dieselbe in Kubikmetern . . . . cbm/Std.

k der Wärmedurchgangskoeffizient der Kondensatorkühlfläche in WE. pro Quadratmeter und Stunde für 1^0 C. Temperaturdifferenz . . . . WE.

ϑ die mittlere Temperaturdifferenz zwischen Dampf- und Kühlwasser-Raum . . . . ^{0} C.

c die Wassergeschwindigkeit in den Kühlrohren . . . . m/Sek.

N_l der effektive Kraftbedarf der Luftpumpe . . . . . . PS.

N_w der effektive Kraftbedarf der Kühlwasserpumpe . . . „

Für die Berechnung einer Kondensation sind in der Regel gegeben:

das stündlich niederzuschlagende Dampfgewicht . . . . D kg,
die Temperatur des zur Verfügung stehenden Kühlwassers $t_1{}^0$ C.,
die erforderliche Kondensatorspannung . . . . p_0 kg/qm.

Ferner muß bekannt sein:

der Wärmedurchgangskoeffizient . . . . k

und das Gesetz, nach welchem der Wärmedurchgang erfolgt. Durch Versuche von Josse**) ist nachgewiesen, daß bei Oberflächenkondensatoren der Wärmedurchgang der mittleren Temperaturdifferenz zwischen Dampf- und Kühlwasserraum direkt proportional ist. Also:

$$Q = k \,.\, \vartheta \,.\, F,$$

oder nach Division durch D:

$$\lambda - q = k \,.\, \vartheta \,.\, f. \tag{1}$$

Zum Abführen der Wärme $\lambda - q$ werden w kg Kühlwasser gebraucht, dessen Temperatur dabei von t_1 auf t_2 steigt. Daher ist:

$$\lambda - q = w\,(t_2 - t_1),$$

$$t_2 = t_1 + \frac{\lambda - q}{w}. \tag{2}$$

---

*) Hierbei ist der Einfluß einer etwaigen Temperaturänderung der Luft vernachlässigt, da er an und für sich geringfügig ist und gegenüber der Unbestimmtheit von v überhaupt nicht in Betracht kommt.

**) Z. d. V. d. Ing. 1909, S. 327.

Die mittlere Temperaturdifferenz ϑ ist nach „Hütte“: *)

$$\vartheta = \frac{\beta - \alpha}{l_n\left(\frac{\beta}{\alpha}\right)}.$$

Für $\alpha = \beta$ wird:

$$\vartheta = \frac{\alpha + \beta}{2} = \alpha = \beta.$$

Haben α und β verschiedene Werte, so kann trotzdem innerhalb weiter Grenzen mit großer Näherung

$$\vartheta = \frac{\alpha + \beta}{2}$$

gesetzt werden. Wie in der „Hütte“ an der erwähnten Stelle gezeigt ist, tritt bei $\alpha = 3\beta$ erst ein Unterschied von $10\,^0/_0$ zwischen dem richtigen und dem angenäherten Wert von ϑ ein. Mit Rücksicht auf die verschiedenen unsicheren Annahmen, auf welche sich die ganze Berechnung stützt, ist es deshalb zulässig, den Näherungswert von ϑ zugrunde zu legen. Damit ist:

$$\alpha = 2\vartheta - \beta. \tag{3}$$

Es muß an dieser Stelle hervorgehoben werden, daß die Beziehung

$$\vartheta = \frac{\beta - \alpha}{l_n\left(\frac{\beta}{\alpha}\right)}$$

bezw. die Annäherung

$$\vartheta = \frac{\alpha + \beta}{2}$$

streng genommen nur bei stetigem Verlauf der Temperaturänderung beider Medien gilt. Ein solcher findet jedoch in dem Kondensationsraume des Oberflächenkondensators nicht statt. Vielmehr wird zunächst der Dampf bei nahezu konstanter Temperatur niedergeschlagen und dann nur in einem Teile des Kondensators die mit Dampf gesättigte Luft von t_3 auf t_4 gekühlt. Der Temperaturverlauf im Kondensator ist, wie von Josse (Z. d. V. d. Ing. 1909, S. 328—330) gezeigt, in hohem Maße von der Menge der in den Kondensator eintretenden Luft abhängig. Die tatsächliche mittlere Temperaturdifferenz zwischen Dampf- und Kühlwasserraum des Kondensators wird daher einen von dem hier benutzten ϑ_m mehr oder weniger abweichenden Wert haben. Das angewandte Rechnungsverfahren hat jedoch den Vorzug, daß es sich auf die vier bei jedem Kondensator leicht meßbaren Temperaturen t_1, t_2, t_3, t_4 stützt. Es führt unter ähnlichen Verhältnissen zu relativ richtigen Ergebnissen.

Das Luftvolumen v vom Druck 10000 kg/qm, welches pro Kilogramm Dampf in den Kondensator eintritt, hat an der Absaugestelle den Druck l_2 und damit das Volumen:

*) 1905, S. 283—284.

$$l = v \cdot \frac{10\,000}{l_2} = v \cdot \frac{10\,000}{p_0 - d_2} \tag{4}$$

angenommen, wenn man von dem Einfluß etwaiger geringfügiger Temperaturänderungen absieht. Dieses muß ständig durch die Luftpumpe abgesaugt werden, damit der Kondensatordruck p_0 konstant erhalten wird. Die Berechnung der drei Größen:

Kondensator-Kühlfläche,
Leistung der Kühlwasser-Zirkulationspumpe,
Leistung der Luftpumpe,

bezw., auf 1 kg bezogen:

f,
w,
l,

kann auf Grund der vorstehenden Annahmen durchgeführt werden. Die drei Werte sind zwar voneinander abhängig, doch nicht eindeutig bestimmt. Zwei derselben können innerhalb weiter Grenzen beliebig gewählt und der dritte berechnet werden. Es werde im folgenden f und w angenommen und daraus l ermittelt.

Gleichung (4) zeigt, daß mit der Vergrößerung der Luftpumpenleistung l der Kondensatordruck p_0 bei gegebenem v und d_2 abnimmt. Das ist indes nur bis zu der Grenze möglich:

$$p_0 = d_1, \tag{5}$$

da der Kondensatordruck nicht unter die Dampfspannung sinken kann, welche der höchsten Temperatur im Dampfraum des Kondensators entspricht. Daß es praktisch leicht möglich ist, diesen Grenzwert zu erreichen, zeigen Versuche von Josse.*) Er stellte bei einer an eine Dreifach-Expansions-Dampfmaschine angeschlossenen Oberflächenkondensation fest, „daß der unmittelbar am Niederdruckzylinder im Überströmrohr herrschende gemessene Gesamtdruck demjenigen der Dampftabelle bei der Temperatur entspricht, wie letztere tatsächlich durch das Thermometer abgelesen wurde". Das war sogar dann der Fall, wenn das Vakuum absichtlich durch Einlassen einer außergewöhnlich großen Luftmenge verschlechtert wurde. Man kann daher bei einer sachgemäß ausgeführten Oberflächenkondensation die Temperatur des Dampfraumes an der Eintrittsstelle

$$t_3$$

direkt als Funktion des Kondensatordruckes p_0 aus der Dampftabelle entnehmen. Die Kühlwasseraustrittstemperatur t_2 wird nach Gleichung (2) berechnet. Damit ist auch

$$\beta = t_3 - t_2$$

gegeben. Ferner folgt aus Gleichung (1):

---

*) Neuere Wärmekraftmaschinen, S. 59—60.

$$\vartheta = \frac{\lambda - q}{k \cdot f}. \tag{6}$$

Unter Benutzung dieses Wertes wird Gleichung (3) zu:

$$\alpha = 2 \cdot \frac{\lambda - q}{k \cdot f} - \beta. \tag{7}$$

Die Dampftemperatur an der Luftabsaugestelle beträgt:

$$t_4 = t_1 + \alpha = t_1 + 2 \cdot \frac{\lambda - q}{k \cdot f} - \beta. \tag{8}$$

Der zu t_4 gehörige Dampfdruck d_2 wird der Dampftabelle entnommen. Der Luftdruck an dieser Stelle ergibt sich dann ohne weiteres zu:

$$l_2 = p_0 - d_2.$$

Nach Gleichung (4) ist somit die gesuchte Luftpumpensaugleistung pro Kilogramm Dampf:

$$l = v \cdot \frac{10\,000}{l_2}.$$

Um hiernach die Oberflächenkondensation berechnen zu können, muß bekannt sein:

1. der Wärmedurchgangskoeffizient k,
2. das pro Kilogramm Dampf in den Kondensator eintretende Luftvolumen v.

Auf den Wärmedurchgangskoeffizienten soll im 3. Kap. näher eingegangen werden. Die in den Kondensator eintretende Luft stammt aus zwei Quellen: ein Teil wird bereits mit dem Speisewasser in den Kessel gepumpt, der zweite gelangt durch Undichtigkeiten der unter Vakuum stehenden Stopfbüchsen und Rohrleitungen in den Kondensator. Um den ersten Teil auf das geringstmögliche Maß zu beschränken, müssen die Kesselspeisevorrichtungen so beschaffen sein, daß sie keine Luft ansaugen. Ganz unbrauchbar sind daher Kolbenpumpen, wenn sie zur Erzielung ruhigen Ganges mit Schnüffelung arbeiten müssen. Auch Injektoren reißen häufig Luft mit. Von dem Gesichtspunkte der Förderung eines luftfreien Kesselspeisewassers ist die Hochdruckzentrifugalpumpe mit Wellenabdichtung durch Druckwasser die beste Speisepumpe. Hierbei ist ein Ansaugen von Luft ganz ausgeschlossen. Außerdem liefert sie einen gleichmäßigen Wasserstrom; die Fördermenge kann durch Drosseln der Druckleitung dem Bedarf angepaßt werden.

Der zweite Teil des in den Kondensator eintretenden Luftquantums ist abhängig von dem Zustande der unter Vakuum stehenden Rohrleitungen und insbesondere der Stopfbüchsen der an die Kondensation angeschlossenen Maschinen. Hieraus folgt, daß allgemeingültige Angaben über die Größe von v nicht gemacht werden können, und daß sich v auch bei ein und derselben Anlage mit deren Betriebszustand ändert. Brauchbare Durchschnittswerte erhält man mit den von **Weiß** angegebenen Formeln:*)

$v = 1{,}80 + 0{,}01\ Z$ für grobe Betriebe (Hüttenwerke und dergl.),

$v = 1{,}80 + 0{,}006\ Z$ für feinere Betriebe (Elektrizitätswerke und dergl.).

Hierin bedeutet Z die Länge der unter Vakuum stehenden Rohrleitungen in Metern. Bei Dampfmaschinen, welche mit eigener Kondensation arbeiten, kann $Z = 0$ gesetzt werden. Dann ist nach **Weiß**:

$$v = 1{,}8.$$

Bei Dampfturbinen legt man ganz besonderen Wert auf gute Wellenabdichtung; daher kann bei Turbinenkondensationen, welche in der der üblichen Weise direkt unter der Turbine angeordnet sind, meist mit viel kleinerem v gerechnet werden.

An einer ausgeführten Anlage ist es leicht, den Wert v mit großer Genauigkeit in folgender Weise zu bestimmen: Man baut ein Absperrventil in die Luftpumpensaugleitung ein. Wird dieses im normalen Betriebe geschlossen, während die übrigen Teile der Kondensation ohne Unterbrechung weiter arbeiten, so kann aus der Drucksteigerung in dem Vakuumraum die eintretende Luftmenge berechnet werden. Da die normale Kühlwassermenge weiter zirkuliert, bleiben innerhalb weiter Grenzen die Temperaturen im Kondensator und damit die Dampfdrücke an den verschiedenen Stellen konstant; die Drucksteigerung ist daher nur die Folge des Zutritts von Luft. Das in der Zeiteinheit eintretende Luftgewicht wird von dem während des Versuches zunehmenden Kondensatordruck in weiten Grenzen nicht beeinflußt. Wird der Inhalt des Vakuumraumes mit J (cdcm), der absolute Kondensatordruck bei Beginn und am Ende des Versuches mit p_1 und p_2 (Kilogramm pro Quadratmeter) bezeichnet, und beträgt die Versuchsdauer t Sekunden, so ist die sekundlich eintretende Luftmenge, reduziert auf einen absoluten Druck von 10000 kg pro Quadratmeter:

$$\frac{V}{3600} = \frac{J\,(p_2 - p_1)}{10000\,.\,t}$$

und

$$v = \frac{V}{D} = 0{,}36\ \frac{(p_2 - p_1)\,.\,J}{D\,.\,t}\,.$$

Ist v einmal ermittelt, so kann es für die Berechnung der Luftpumpenabmessungen ähnlicher Anlagen weiter benutzt werden, unter der Voraussetzung, daß der Unterschied in der Menge der bereits mit dem Frischdampf in die Maschine eintretenden Luft bei den verschiedenen Anlagen nur gering ist.

---

*) **Weiß**, Kondensation, S. 39—40.

3. Kapitel.

Der Wärmedurchgangskoeffizient der Kondensatorkühlfläche.

Die Kühlfläche der Oberflächenkondensatoren besteht in der Regel aus Messingrohren, welche von Kühlwasser durchströmt, von dem zu kondensierenden Dampfe umspült werden. Die Zusammensetzung des Rohrmaterials schwankt innerhalb weiter Grenzen; sie beträgt meistens 60 bis 70 % Cu, 40—30 % Zn. Für Schiffskondensatoren, deren Rohre von Meerwasser durchströmt werden, wählt man meistens ein Material mit höherem — bis 99 % — Kupfergehalt.

Was zunächst das Gesetz anbetrifft, nach welchem die Wärmeübertragung durch die Kühlfläche vor sich geht, so hat Josse durch Versuche an einem im praktischen Betriebe befindlichen Kondensator festgestellt, daß der Wärmeübergang linear mit dem Temperaturunterschied zwischen beiden Seiten der Kühlfläche zunimmt.*) Die Größe des Wärmedurchgangskoeffizienten hängt von den Widerständen ab, die bei der Übertragung der Wärme des Dampfes in das Kühlwasser durch die Kühlrohrwandung hindurch auftreten. Der gesamte Widerstand zerfällt in drei Bestandteile:

1. Widerstand beim Übergang der Wärme vom Dampf auf die Wandung,
2. Widerstand beim Durchleiten der Wärme durch die Wandung,
3. Widerstand beim Übergang der Wärme von der Wandung in das Kühlwasser.

Bezeichnet man mit:

a_1 den Eintrittskoeffizienten beim Übergang der Wärme vom Dampf an die Rohrwandung (WE. pro Stunde und Quadratmeter Kühlfläche bei 1° Temperaturdifferenz zwischen Dampf und Wandung),

a_2 den Austrittskoeffizienten beim Übergang der Wärme aus der Wandung in das Kühlwasser (WE. pro Stunde und Quadratmeter Kühlfläche bei 1° Temperaturdifferenz zwischen Wandung und Kühlwasser),

λ den Leitkoeffizienten durch die Wandung (WE. pro Stunde und Quadratmeter Kühlfläche bei 1° Temperaturdifferenz zwischen innerer und äußerer Kühlrohroberfläche und 1 m Wandstärke),

e die Wandstärke (m),

k den Wärmedurchgangskoeffizienten (WE. pro Stunde und Quadratmeter Kühlfläche bei 1° Temperaturdifferenz zwischen Dampf und Kühlwasser und der Wandstärke e der Kühlrohre),

c die Wassergeschwindigkeit in den Kühlrohren (m/Sek.),

so ist:

$$\frac{1}{k} = \frac{1}{a_1} + \frac{e}{\lambda} + \frac{1}{a_2}.$$

*) Z. d. V. d. Ing. 1909, S. 326 ff.

Der Leitkoeffizient λ beträgt für Messing 90. Wird im folgenden die Wandstärke der Kühlrohre, wie üblich, zu 1 mm ($e = 0{,}001$) angenommen, so ist:

$$\frac{e}{\lambda} = \frac{1}{90000},$$

a_2 ändert sich mit der Wassergeschwindigkeit in den Kühlrohren. Nach Versuchen von Ser kann näherungsweise gesetzt werden:

$$a_2 = 4500 \sqrt{c}.$$

a_1 kann nach Versuchen desselben Forschers gesetzt werden:

$$a_1 = 19000.$$

Dieser Wert ändert sich mit der Dampfgeschwindigkeit in ähnlicher Weise wie a_2 mit der Wassergeschwindigkeit; jedoch ist diese Änderung von viel geringerem Einfluß auf die Größe des Wärmedurchgangskoeffizienten als diejenige von a_2. Josse zeigt dies an folgendem Beispiel.*) Nach obigem ist bei $e = 0{,}001$ m und $c = 0{,}5$ m:

$$\frac{1}{k} = \frac{1}{19000} + \frac{1}{90000} + \frac{1}{3180},$$

$$k = 2640.$$

Erhöht man c von 0,5 m auf 1,2 m, so ist:

$$\frac{1}{k} = \frac{1}{19000} + \frac{1}{90000} + \frac{1}{4930},$$

$$k = 3760.$$

Wäre man dagegen in der Lage, durch Erhöhung der Dampfgeschwindigkeit eine Vergrößerung des Eintrittskoeffizienten a_1 von 19000 auf 38000 zu erreichen, so würde sich der Wärmedurchgangskoeffizient (bei $c = 0{,}5$) ergeben aus:

$$\frac{1}{k} = \frac{1}{38000} + \frac{1}{90000} + \frac{1}{3180}$$

zu:

$$k = 2840.$$

Während man also durch eine Erhöhung der Wassergeschwindigkeit von 0,5 auf 1,2 m eine Vergrößerung von k um ca. 43 % erreicht, würde die beträchtliche Erhöhung der Dampfgeschwindigkeit, die erforderlich wäre, um a_1 von 19000 auf das Doppelte zu bringen, den Wärmedurchgangskoeffizienten nur um rund 8 % vergrößern.

Der Widerstand, den die Wandung dem Durchleiten der Wärme entgegensetzt, ist sehr gering. Würde man beispielsweise die Wandstärke auf 0,5 mm verringern, so folgt (bei $a_1 = 19000$ und $c = 0{,}5$ m) k aus:

*) Z. d. V. d. Ing. 1909, S. 326 ff.

$$\frac{1}{k} = \frac{1}{19\,000} + \frac{0,5}{90\,000} + \frac{1}{3180}$$

zu: $$k = 2680,$$

gegenüber $k = 2640$ bei 1 mm Wandstärke und sonst gleichen Verhältnissen.

Einen ganz erheblichen Einfluß auf die Größe des Wärmedurchgangskoeffizienten übt die Menge der Luft aus, welche mit dem Dampf in den Kondensator gelangt. Darüber sind von Josse eingehende Versuche angestellt und in der Z. d. V. d. Ing. 1909, S. 328 ff. veröffentlicht worden. Aus diesen Versuchen folgt, daß der Eintrittskoeffizient a_1 beim Übergang der Wärme von Luft an die Kühlrohrwandung sehr klein ist, umso kleiner, je niedriger der absolute Druck der abzukühlenden Luft ist. Handelt es sich also darum, Luft anstatt Dampf zu kühlen, so ist in der Formel

$$\frac{1}{k} = \frac{1}{a_1} + \frac{e}{\lambda} + \frac{1}{a_2}$$

a_1 ausschlaggebend für die Größe von k; der Einfluß von a_2 und damit der Wassergeschwindigkeit ist demgegenüber verschwindend: k wird bei kleinem a_1 (nach Josse beträgt bei niedrigem Luftdruck a_1 nur 1—5) unter allen Umständen sehr klein. Hieraus ergibt sich die Forderung, in dem Teile des Kondensators, welcher hauptsächlich der Kondensation des Dampfes dient, die Kühlwassergeschwindigkeit hochzuhalten, um einen großen Wärmedurchgangskoeffizienten zu erzielen, in dem Teile des Kondensators, der vorwiegend als Luftkühler wirkt, dagegen mit geringer Kühlwassergeschwindigkeit zu arbeiten, um die Reibungswiderstände des Wassers und damit den Kraftbedarf der Kühlwasserpumpe nicht unnötig zu vergrößern.

Wie sehr der mittlere Wärmedurchgangskoeffizient der Kühlfläche durch größere, in den Kondensator eintretende Luftmengen verschlechtert wird, zeigt die den erwähnten Veröffentlichungen von Josse entnommene Fig. 9. Sie stellt die Zunahme der Kühlwassertemperatur, d. h. die übertragene Wärmemenge, als Funktion der Kühlfläche bei Eintritt anormal großer Luftmengengen dar. In dem ersten Teile des Kondensators, der dazu dient, die Luft zu kühlen, bleibt die Kühlwassertemperatur nahezu konstant, die übertragene Wärmemenge ist hier also sehr gering.

Da sich an keiner Stelle des Kondensators reiner Dampf oder reine Luft befindet und das Gemisch von Dampf und Luft vom Dampfeintritt nach dem Luftsaugstutzen hin seine Zusammensetzung ändert, so ist auch der Wärmedurchgangskoeffizient an verschiedenen Stellen des Kondensators ganz verschieden, was Versuche an ausgeführten Kondensatoren bestätigt haben.*) Überdies ist die in den Kondensator eintretende Luftmenge nie genau bekannt und wird vielfach nur ganz roh geschätzt. Ferner ist anzunehmen, daß nicht alle Teile der Kondensatorkühlfläche gleichmäßig

*) Z. d. V. d. Ing. 1909, S. 407 ff.

zur Wärmeabführung herangezogen werden. Aus allen diesen Gründen ist es unmöglich, den mittleren Wärmedurchgangskoeffizienten der Kondensatorkühlfläche durch Rechnung zu bestimmen. Man ist deshalb darauf angewiesen, das tatsächliche Verhalten der Kondensatoren, insbesondere den Einfluß veränderter Kühlwasser- und Dampfgeschwindigkeit auf die Größe des Wärmedurchgangskoeffizienten, durch Messungen an im Betriebe

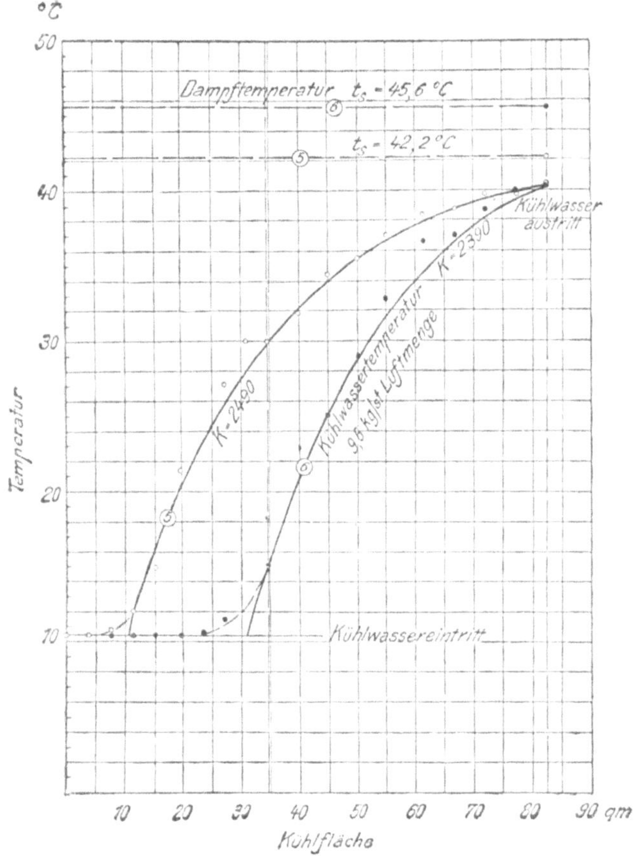

Fig. 9 (nach Josse).

befindlichen Anlagen zu untersuchen. Allgemeingültige Regeln lassen sich nicht aufstellen.

Aus der Tatsache, daß der Wärmedurchgangskoeffizient mit der Kühlwassergeschwindigkeit zunimmt, zog man schon lange Nutzen. Da ein Kondensator praktisch nicht in beliebiger Länge ausführbar ist und außerdem ein mehrmaliges Durcheinandermischen des Wassers während seines Durchganges durch den Kondensator im Interesse einer guten Kühlwasserausnutzung liegt, so besteht ein viel benutztes Mittel zur Erhöhung der Kühlwassergeschwindigkeit bei einer gegebenen Zahl von Kühlrohren darin, das ganze Kühlrohrsystem durch Scheidewände, welche in die Kondensatordeckel eingegossen werden, in mehrere Rohrbündel einzuteilen. Das Wasser wird dadurch gezwungen, die einzelnen Rohrbündel nacheinander mit entsprechend erhöhter Geschwindigkeit zu durchströmen. Der angestrebte Zweck wird indes bei einem Kondensator nach Fig. 1 (S. 3) nur unvollkommen erreicht, wenn die durch zweckmäßige Dampfführung gegebene Einteilung des Kondensatorinneren auch der Kühlwasserführung zugrunde gelegt wird, weil dann in der Nähe des Dampfeintritts die kleinste, in der Nähe der Luftabsaugung die größte Kühlwassergeschwindigkeit herrscht.

In anderer Weise wird bei dem Oberflächenkondensator von Schaffstaedt*) die Kühlwassergeschwindigkeit vergrößert. „Er besteht aus einem System von ineinandergesteckten Messingrohren von (bei der besprochenen Anlage) 30 und 40 mm l. W., welche in doppelten Böden derart angeordnet sind, daß der Dampf gleichzeitig durch die inneren (kleineren) Rohre und um die äußeren (größeren) Rohre strömt, während das Kühlwasser mit großer Geschwindigkeit durch die Ringräume zwischen den beiden Rohrsystemen geleitet wird.“

Ein zuweilen benutztes Mittel zur Erhöhung der Wassergeschwindigkeit besteht darin, Holzstäbe von dreieckigem Querschnitt in die Kühlrohre zu stecken. Hierdurch wird in ähnlicher Weise wie bei der vorstehend beschriebenen Konstruktion nicht nur die Wassergeschwindigkeit erhöht, sondern auch das Wasser in dünnen Schichten dicht an den Rohrwandungen entlang geführt.

Ebenso kann der Wärmedurchgangskoeffizient erhöht und gleichzeitig das Kühlwasser besser ausgenutzt werden, dadurch, daß man das Wasser innerhalb der Rohre in Wirbelung versetzt. Man geht dabei von der Annahme aus, daß bei der gewöhnlichen Ausführung nur die dicht an der Wandung strömenden Wasserteilchen zur Wärmeentziehung herangezogen werden, während in der Rohrmitte ein kälterer Kern bleibt. Nach einem Patent von Josse werden aus diesem Grunde sog. Wirbelstreifen in die einzelnen Rohre eingesetzt.**) Diese bringen mittels eingestanzter Zungen, die abwechselnd nach der einen oder anderen Seite aufgebogen sind, das Kühlwasser fortwährend in wirbelnde Bewegung.

Bei den letzterwähnten Vorrichtungen zur Verbesserung des Wärmedurchganges ist zu beachten, daß durch sie die Rohrreinigung erschwert und der hydraulische Widerstand beträchtlich erhöht wird. Es wird z. B. von Vogel***) erwähnt, daß sich die Verwendung von Wirbelstreifen im Schiffsmaschinenbau nicht bewährt habe, da sich hier die Rohre durch Tang und kleine Fische sehr bald verstopfen.

---

*) Josse, Neuere Wärmekraftmaschinen, S. 42.

**) Z. f. d. ges. Turbinenwesen 1908, S. 75.

***) Ebenda 1909, S. 57.

Auch bei einfachen glatten Rohren ist es nicht ratsam, mit der Kühlwassergeschwindigkeit zu hoch zu gehen, da der hydraulische Widerstand des Kondensators mit dem Quadrat der Wassergeschwindigkeit wächst, wie von Josse durch Versuche gezeigt ist;*) dementsprechend erhöht sich der Kraftbedarf der Kühlwasserzirkulationspumpe. Bei der Wahl der Wassergeschwindigkeit ist auch der Kühlrohrdurchmesser zu berücksichtigen, da nach der bekannten Beziehung**)

$$h' = \zeta_r \cdot \frac{l}{d} \cdot \frac{w^2}{2g}$$

der Widerstand dem Rohrdurchmesser umgekehrt proportional ist. Je nach dem Kühlrohrdurchmesser wird es sich daher empfehlen, die Geschwindigkeit zwischen 0,5 und 1,2 m zu wählen; über 1,5 m wird man zweckmäßig nicht hinausgehen.

Bei der Bemessung der Kühlfläche muß ferner den Betriebsverhältnissen Rechnung getragen werden; der Wärmedurchgang wird häufig schon nach kurzer Betriebsdauer durch einen Belag der Kühlrohre — auf der Außenseite mit aus dem Dampfe ausgeschiedenem Öl, auf der Innenseite mit Kesselstein — beeinträchtigt. Es wird aber mit Recht verlangt, daß das erforderliche Vakuum nicht nur unmittelbar nach Inbetriebsetzung oder vorgenommener Reinigung der Kühlrohre, sondern auch bei mittlerem Betriebszustande erzielt wird. Ergebnisse, welche an Versuchsapparaten mit reiner Kühlfläche gewonnen werden, haben deshalb nur relativen Wert; sie dürfen nicht unmittelbar auf die Praxis übertragen werden, wo selten gleich günstige Verhältnisse vorliegen.

Mit Rücksicht auf etwaigen Kesselsteinbelag der Kühlrohre muß bei der Größenbemessung des Kondensators vor allem der Beschaffenheit und Temperatur des Kühlwassers Rechnung getragen werden. Steht Brunnen- oder Flußwasser zur Verfügung, so ist Kesselsteinbildung auch bei höheren Temperaturen und großer Härte des Wassers nicht zu befürchten. Muß man dagegen aus Mangel an Frischwasser zur Rückkühlung greifen, so beträgt die Kühlwasserzuflußtemperatur selten unter 25° C., meist 27 bis 30° C.; es fließt dann mit 40—50° C ab. Im Kühlturm findet die Entziehung der aufgenommenen Wärme größenteils durch Verdunsten statt. Falls nun das erforderliche Zusatzwasser kesselsteinbildende Bestandteile enthält, werden diese durch den Rückkühlprozeß immer stärker konzentriert. Die Erfahrung zeigt, daß sich in solchen Fällen bereits bei 40—50° C. Kesselstein in den Kühlrohren niederschlägt. Es ist deshalb ratsam, bei Rückkühlung die Kühlfläche größer zu machen, bezw. mit einem kleineren Wärmedurchgangskoeffizienten im Betriebszustande des Kondensators zu rechnen, als bei der Verwendung von Fluß- oder Brunnenwasser zur Kühlung.

*) Z. d. V. d. Ing. 1909, S. 409.

**) Zeuner, Theorie der Turbinen, S. 49, Gleichung 72.

Um über das Verhalten des Oberflächenkondensators bei verschiedenen Betriebsverhältnissen, wie veränderter Kühlwasser- und Dampfgeschwindigkeit, Unterlagen für die spätere Berechnung der Kühlfläche sowie die Leistung der Luft- und Zirkulationspumpe zu erhalten, sind vom Verfasser die eingehenden Versuche von Professor Weighton*) einer Umrechnung und Auswertung unterzogen worden. Die Ergebnisse finden sich in den Zahlentafeln 1—7.

Über die Versuche werde ganz allgemein folgendes vorausgeschickt: Die Versuche der Zahlentafeln 1, 2 und 3 wurden an einem Kondensator von 9,29, diejenigen der Zahlentafeln 4 und 5 an einem solchen von 5,76 qm Kühlfläche vorgenommen. Das stündlich niedergeschlagene Dampf- und zugehörige Kühlwassergewicht wurde in weiten Grenzen geändert. Beide Versuchskondensatoren waren durch 2 Zwischenwände in 3 Kammern geteilt, welche der Dampf nacheinander durchströmte, bei gleichzeitiger vierfacher Wasserzirkulation. Die Dampfströmung erfolgte senkrecht zu der Achse der Kühlrohre. Die Zwischenwände waren etwas geneigt gegen die Horizontale angeordnet, so daß das Kondensat aus der Kammer, in welcher es sich bildete, jedesmal direkt in einen gemeinsamen Sammelraum fließen konnte. Bei den Versuchen der Tabellen 1 und 4 wurden Luft und Kondensat gemeinsam durch eine Naßluftpumpe, bei denjenigen der Tabellen 2, 3 und 5 dagegen getrennt durch eine Trockenluftpumpe mit Wassereinspritzung und eine Kondensatpumpe abgesaugt; letztere saugte in diesem Falle aus dem Kondensatsammelraum. Der Dampfeintritt erfolgte bei allen Versuchen an der höchsten, das Absaugen an der tiefsten Stelle des Kondensators.

Die Zahlentafeln 1—5 sind aus den Tabellen II—VI der Arbeit von Weighton durch Umrechnung gewonnen. Die gewählten Buchstabenbezeichnungen stimmen mit denjenigen des vorangegangenen 2. Kap. überein. Die übertragene Wärmemenge ist aus dem Kühlwassergewicht und seiner Temperaturerhöhung berechnet:

$$Q = W\,(t_2 - t_1)\ \text{WE}.$$

Man findet noch vielfach in der Literatur die Anschauung vertreten, daß die durch die Kühlfläche übertragene Wärmemenge dem Quadrate der Temperaturdifferenz zwischen Dampf- und Kühlwasserraum des Kondensators proportional ist.**) Deshalb wurde in den Zahlentafeln 1 bis 5 der Wärmedurchgangskoeffizient sowohl für die lineare (k_1) wie für die quadratische (k_2) Abhängigkeit des Wärmedurchgangs von ϑ berechnet. Es ist also gesetzt:

$$k_1 = \frac{Q}{F\,.\,\vartheta'}\,,$$

*) „The efficiency of surface condensers.“

**) Z. B.: Weiß, Kondensation, S. 89.

$$k_2 = \frac{Q}{F \,.\, \vartheta'^2}.$$

Die mittlere Temperaturdifferenz zwischen Dampf und Kühlwasser ist abweichend von der Rechnungsweise des 2. Kap. in allen Fällen nach der Formel berechnet:

$$\vartheta' = \frac{\beta - \alpha}{l_n \left(\frac{\beta}{\alpha}\right)}.$$

Um die Zulässigkeit der in der allgemeinen Ableitung benutzten Näherungsrechnung zu zeigen, ist in Zahlentafel 1 auch der Näherungswert

$$\vartheta = \frac{\alpha + \beta}{2}$$

berechnet. Größere Differenzen zwischen ϑ und ϑ' treten nur bei den Versuchen unter folgender lfd. Nr. auf:

Lfd. Nr. 10 14 15 20 21.

Dabei beträgt das direkt dem Versuchsbericht entnommene Kühlwasserverhältnis:

$w = 14{,}47$ 16,71 14,89 13,33 8,48,

ist also außergewöhnlich klein. Da man bei Oberflächenkondensationen im allgemeinen nicht unter $w = 30$ herabgeht, so folgt, daß bei normalen Verhältnissen der Näherungswert von ϑ ohne weiteres an Stelle des theoretischen Wertes ϑ' benutzt werden kann.

Auf Grund des in den Zahlentafeln 1—5 enthaltenen Zahlenmaterials ist im folgenden der Versuch gemacht, die Abhängigkeit des Wärmedurchgangskoeffizienten von der Kühlwassergeschwindigkeit einerseits, von dem pro Quadratmeter Kühlfläche in der Zeiteinheit niedergeschlagenen Dampfgewicht andrerseits zu ermitteln.

Die in den Zahlentafeln 2, 3 und 5 wiedergegebenen Versuche, welche mit getrennter Absaugung von Luft und Kondensat ausgeführt wurden, lassen die erwartete Gesetzmäßigkeit ganz vermissen. Die Art der Luftabsaugung — mit Naß- oder Trockenluftpumpe — ist an und für sich ohne Einfluß auf den Wärmedurchgang. Aus dem Versuchsbericht geht jedoch hervor, daß bei den Messungen mit getrennter Luft- und Kondensatabsaugung die Saugleistung der Luftpumpe in weiten Grenzen verändert wurde. Es ist wohl anzunehmen, daß durch die hiermit verbundene Änderung der Luftströmungsverhältnisse im Kondensator die gesetzmäßige Abhängigkeit der k-Werte von der Kühlwassergeschwindigkeit und der in der Zeiteinheit pro Quadratmeter Kühlfläche abgeführten Wärmemenge gestört worden ist. Die Versuche der Zahlentafeln 1 und 4 sind mit einer Naßluftpumpe mit konstanter Hubzahl vorgenommen und ergeben einwandfreie Vergleichswerte. Diese sind in den Tafeln 6 und 7 noch einmal zusammengestellt; in Zahlentafel 6, um die Abhängigkeit des Wärmedurchgangskoeffizienten von der übertragenen Wärmemenge, in Zahlentafel 7, um seine Abhängigkeit von der Kühlwassergeschwindigkeit zum Ausdruck zu bringen.

Zur besseren Veranschaulichung sind die k-Werte in der Gruppierung der Zahlentafeln 6 und 7 durch Fig. 10 und 11 graphisch dargestellt. Fig. 10 gibt die an dem größeren Kondensator von 9,29 qm Kühlfläche, Fig. 11 die an dem kleineren Kondensator von 5,76 qm Kühlfläche gewonnenen Ergebnisse wieder. Dabei zeigen die Fig. 10 a und 11 a den Wärmedurchgangskoeffizienten in Abhängigkeit von $\frac{Q}{F}$, d. i. von der Anzahl der stündlich durch 1 qm Kühlfläche hindurchgeführten Wärmeeinheiten, Fig. 10 b und 11 b in Abhängigkeit von der Wassergeschwindigkeit c.

Wie schwierig eine zuverlässige Bestimmung des Wärmedurchgangskoeffizienten ist, zeigen die Angaben von Josse.*) Es war deshalb auch nicht zu erwarten, daß die hier zugrunde liegenden Versuche stetig verlaufende Kurven ergeben würden. Die Kurven mußten vielmehr mit ziemlicher Freiheit zwischen die einzelnen Versuchspunkte eingezeichnet werden. Infolge der großen Zahl der Einzelversuche ergibt sich trotzdem aus dem Verlauf der verschiedenen Kurvenscharen eine für den betreffenden Kondensatortyp geltende bestimmte Gesetzmäßigkeit.

Die Kurven sind gleichlautend mit den einzelnen Gruppen der Zahlentafeln 6 und 7 mit großen lateinischen Buchstaben bezeichnet. Die Kurven M, N, P, R werden unter Anlehnung an die übrigen Kurven ihrer Gruppen besser durch M', N', P', R' ersetzt. Sämtliche Kurven bestätigen die Tatsache, daß der Durchgangskoeffizient mit der Kühlwassergeschwindigkeit zunimmt, einerlei, ob man mit k_1 oder k_2 rechnet.

Bemerkenswert ist folgendes: Beide Versuchskondensatoren waren in derselben Bauart ausgeführt und arbeiteten unter gleichen Versuchsbedingungen. Vor jedem neuen Versuche wurde eine gründliche Reinigung der Rohre vorgenommen, um Ungenauigkeiten durch die Bildung von Kesselstein- oder Ölansatz zu vermeiden. Die kleinere Kühlfläche war nur dadurch erzielt, daß sämtliche Kühlrohre verkürzt wurden. Man könnte hiernach erwarten, daß der Wärmedurchgangskoeffizient bei beiden Kondensatoren für gleiches c und gleiches $\frac{Q}{F}$ derselbe sein müßte. Das ist jedoch nicht der Fall. Z. B. findet sich für:

$$\frac{Q}{F} = \text{rd. } 40000,$$

bei $c = \sim$	0,375	0,62	0,86	1,12	1,38 m/Sek.
k_1 nach Fig. 10 a . .	1960	2340	2580	2500	2920

*) Z. d. V. d. Ing. 1909, S. 326 ff.

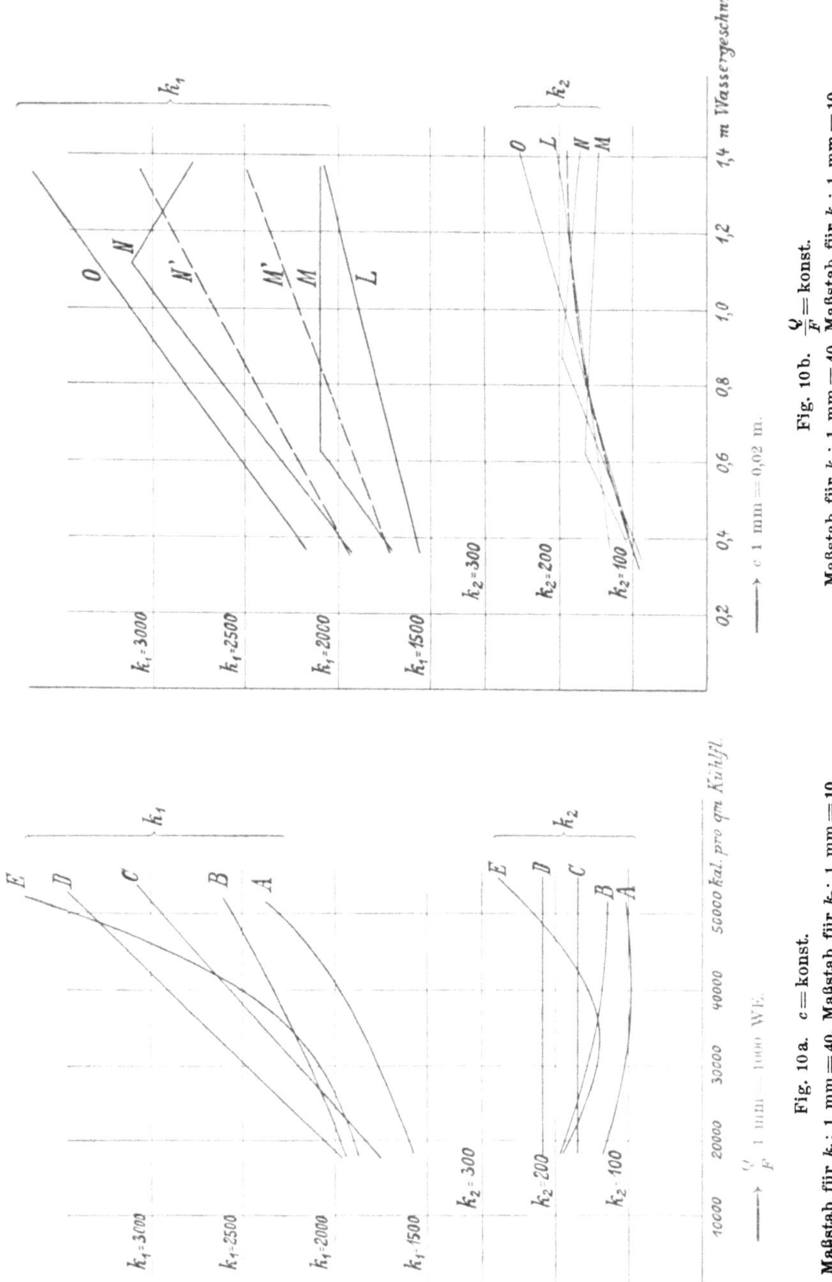

Fig. 10 a. c = konst.

Maßstab für k_1: 1 mm = 40, Maßstab für k_2: 1 mm = 10.

Fig. 10 b. $\frac{Q}{F}$ = konst.

Maßstab für k_1: 1 mm = 40, Maßstab für k_2: 1 mm = 10.

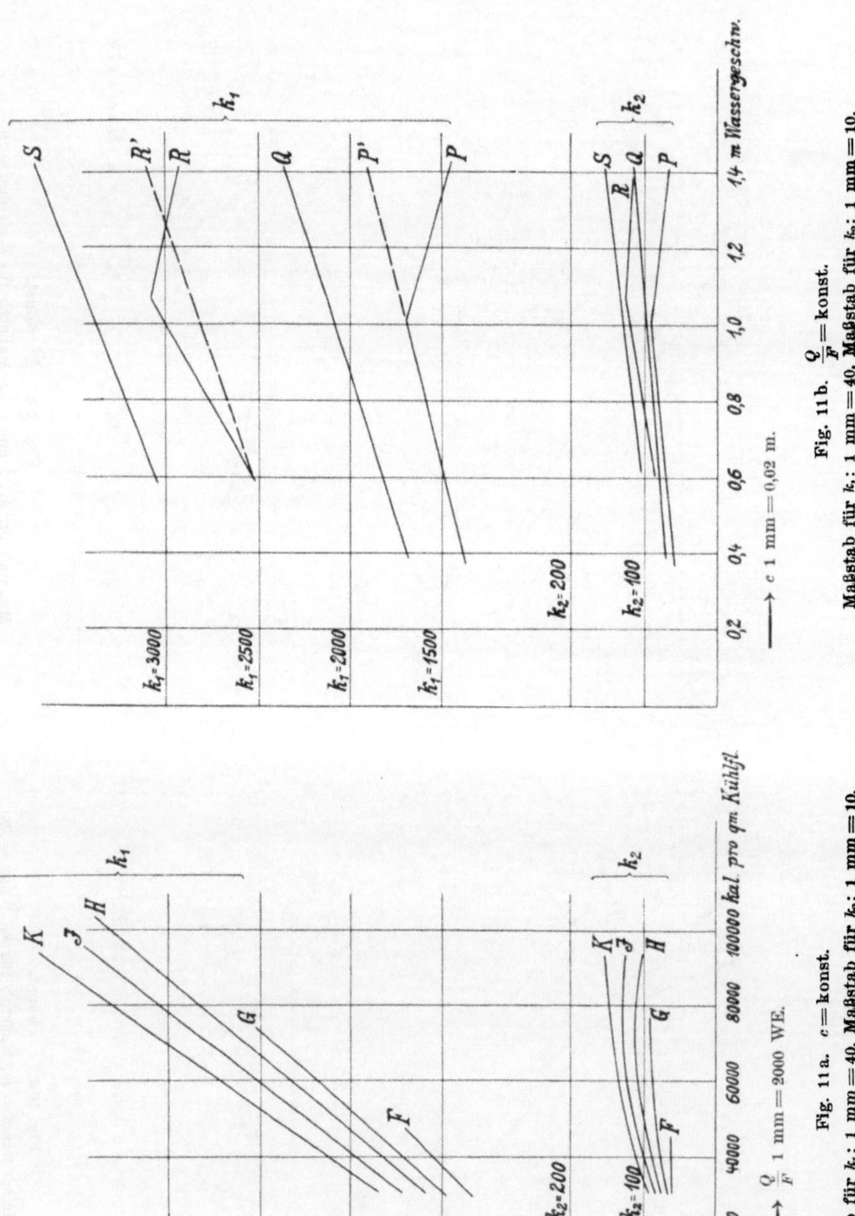

Fig. 11a. c = konst.

Maßstab für k_1: 1 mm = 40, Maßstab für k_2: 1 mm = 10.

Fig. 11b. $\frac{Q}{F}$ = konst.

Maßstab für k_1: 1 mm = 40, Maßstab für k_2: 1 mm = 10.

k_1 nach Fig. 11 a . .	1540	1700	1820	1980	2120
k_2 „ „ 10 a . .	95	135	155	170	220
k_2 „ „ 11 a . .	60	75	85	95	110

Nach der Formel:

$$\frac{1}{k} = \frac{1}{a_1} + \frac{e}{\lambda} + \frac{1}{a_2}$$

ergibt sich unter Zugrundelegung von:

$$\frac{1}{a_1} = \frac{1}{19\,000}, \quad \frac{e}{\lambda} = \frac{1}{90\,000} \text{ und } a_2 = 4500\sqrt{c}$$

für die Abkühlung bezw. Kondensation reinen Dampfes:

bei $c =$ 0,375	0,62	0,86	1,12	1,38	m/Sek.
$k =$ 2340	2900	3280	3650	3960	

Die letzteren Werte sind sämtlich größer als die k_1-Versuchswerte, was ohne weiteres durch den Einfluß der mitzukühlenden Luft auf den Wärmedurchgangskoeffizienten zu erklären ist. Die Differenz muß um so größer werden, je höher die Kühlwassergeschwindigkeit ist, da diese auf die Luftkühlung nahezu ohne Einfluß ist. Auch der Umstand, daß bei der kleineren Kühlfläche der Wärmedurchgangskoeffizient niedriger ist als bei der größeren, erklärt sich zwanglos aus der Anwesenheit von Luft im Kondensator. Wenn in beiden Fällen das eintretende Luftquantum das gleiche war (was auf Grund der jedesmaligen sorgfältigen Versuchsvorbereitungen angenommen werden kann), so wird durch deren Kühlung bei beiden Kondensatoren ungefähr der gleiche Anteil der Kühlfläche für die Kondensation des Dampfes unwirksam (s. Fig. 9); deshalb muß die Rechnung für den kleineren Kondensator einen niedrigeren Mittelwert des Wärmedurchgangskoeffizienten ergeben. Die Weightonschen Versuchsergebnisse zeigen in dieser Hinsicht vollkommene Übereinstimmung mit den vorstehend erwähnten Versuchen und Schlüssen von Josse.

Auf die nur der Vollständigkeit halber aufgeführten k_2-Werte braucht nicht näher eingegangen zu werden, da durch die Josseschen Versuche die lineare Abhängigkeit zwischen Temperaturdifferenz und übertragener Wärmemenge nachgewiesen ist.

Bemerkenswert ist die beträchtliche Zunahme von k_1 mit $\frac{Q}{F}$, d. h. mit der Anzahl der pro Quadratmeter Kühlfläche abgeführten WE. bezw. mit der Geschwindigkeit des in den Kondensator eintretenden Dampfes. (Demgegenüber ist die Änderung von k_2 mit $\frac{Q}{F}$ nur gering, so daß man angenähert $k_2 = f(c)$ in Fig. 10b durch die gestrichelte Kurve, in Fig. 11b durch Kurve Q darstellen kann.) Diese Tatsache, welche in Widerspruch zu den früheren Ausführungen über die Abhängigkeit des Wertes k_1 von der Dampfgeschwindigkeit steht, dürfte dadurch zu erklären sein, daß mit zunehmender Dampfmenge die Kühlfläche gleichmäßiger zur Wärmeentziehung herangezogen wird, und insbesondere Teile, welche bei geringerer Kondensatorbelastung dem Dampfstrome weniger ausgesetzt sind, besser zur Wirkung kommen. Diese Verhältnisse kommen rechnungsmäßig durch eine (scheinbare) Erhöhung des Wärmedurchgangskoeffizienten zum Ausdruck und können in höherem oder geringerem Maße auch bei Oberflächenkondensationen anderer Bauart beobachtet werden.

Als Unterlage für die Berechnungen des folgenden Kapitels sollen Annahmen gemacht werden, wie sie bewährten Ausführungen von Turbinenkondensationen vor einigen Jahren zugrunde gelegt wurden. Wenn es inzwischen auch durch zweckmäßige Kühlwasser- und Dampfführung gelungen ist, die Kondensatorkühlfläche besser auszunutzen, so kann die Rechnung mit geänderten, dem betreffenden Kondensatortyp angepaßten Koeffizienten in gleicher Weise durchgeführt werden.

Von Richter wird k_1*) zu 1500 für normale Messingrohre angegeben. Er bezieht sich dabei auf Ausführungen der Firma Balcke & Co. in Bochum. Kondensatoren dieser Firma sind von Dubbel**) dargestellt und beschrieben; dabei ist die Durchflußgeschwindigkeit des Wassers zu 0,8—1 m angegeben. Die Firma Balcke wählte um die Zeit, aus welcher die Veröffentlichungen stammen, für Turbinenkondensationen:

$$\frac{Q}{F} = \sim 14000.$$

Man kann annehmen, daß sich bei einem derartigen Kondensator k_1 etwa in gleicher Weise mit $\frac{Q}{F}$ ändert, wie bei der Versuchsgruppe C der Zahlentafel 6, bei welcher $c = \sim 0{,}87$ m pro Sekunde beträgt. Nach Zahlentafel 6 ist:

$$k_1 = 1820 \qquad 3025,$$

$$\text{bei } \frac{Q}{F} = 20000 \qquad 53000.$$

Aus der mit Hinsicht auf Fig. 10a und 11a zulässigen Annahme, daß k_1 linear mit $\frac{Q}{F}$ wächst, ergibt sich aus diesen Werten die Beziehung:

$$k_1 = \frac{53000 \,.\, 1820 - 20000 \,.\, 3025}{53000 - 20000} + \frac{Q}{F} \cdot \frac{3025 - 1820}{53000 - 20000},$$

$$k_1 = 1090 + \frac{Q}{F} \cdot 0{,}0365.$$

Überträgt man diese Beziehungen auf die vorher angegebenen Verhältnisse der Kondensatorkonstruktion der Firma Balcke, so ergibt sich für diese:

*) „Die Turbine“ 1907, S. 195.

**) Dubbel, Entwerfen und Berechnen der Dampfmaschinen, S. 201 u. 202.

$$k_1 = 990 + \frac{Q}{F} \cdot 0{,}0365. \tag{9}$$

Nach Gleichung (9) berechnet sich für $\frac{Q}{F} = 14000$: $k_1 = 1500$.

Wird nach Weiß angenommen, daß näherungsweise 570 WE. für 1 kg niederzuschlagenden Dampf abzuführen sind, so finden sich die Wärmedurchgangskoeffizienten für verschiedene Oberflächenverhältnisse wie folgt:

$f = \frac{F}{D}$ . . . . =	0,05	0,04	0,03	0,025	0,02
$\frac{1}{f} = \frac{D}{F}$ . . . . =	20	25	33,3	40	50
$\frac{Q}{F} = (\lambda - q) \cdot \frac{D}{F} = \sim 570 \cdot \frac{D}{F} =$	11400	14250	19000	22800	28500
$k_1 = \sim$	1410	1510	1680	1820	2030

Von vorstehenden Werten soll im folgenden Kapitel bei der Ausmittelung der günstigsten Verhältnisse der Oberflächenkondensationen Gebrauch gemacht werden.

Es war nötig, auf die Berechnung der Kondensatorkühlfläche und die Verhältnisse beim Wärmeübergang näher einzugehen, da hierdurch auch die Bemessung der Luftpumpenleistung beeinflußt wird. Es muß jedoch hervorgehoben werden, daß die angeführten Zahlenwerte nur bestimmten Kondensatorkonstruktionen Rechnung tragen und nicht verallgemeinert werden dürfen.

4. Kapitel.
Ermittelung der günstigsten Abmessungen einer Oberflächenkondensation.

Voraussetzung für die Ermittelung der günstigsten Abmessungen jeder Kondensation ist die Kenntnis des unter den betreffenden Verhältnissen günstigsten Vakuums. Mit zunehmendem Vakuum wächst das theoretisch ausnutzbare Wärmegefälle und entsprechend sinkt der theoretische Dampfverbrauch pro PS.-Stunde (s. Fig. 12). Praktisch ist man jedoch nicht in der Lage, mit der Kolbendampfmaschine ein hohes Vakuum auszunutzen. Einerseits kommt infolge der durch die Ausführungsmöglichkeit beschränkten Abmessungen von Dampfzylindern und deren Steuerungsorganen ein hohes im Kondensator erzeugtes Vakuum im Dampfzylinder selbst gar nicht voll zur Wirkung. Andrerseits wachsen die Wandungsverluste infolge der mit zunehmendem Vakuum sinkenden Temperatur. Hierüber hat Josse ausführliche Versuche angestellt.*) Er findet, daß das günstigste Vakuum für die Kolbenmaschine bei 80—85 $^0/_0$ liegt. Ja

*) Z. d. V. d. Ing. 1909, S. 324, Fig. 4.

unter Umständen — bei direkter Rückspeisung des Kondensates aus der Frischdampfleitung und den Dampfmänteln — wird die Wirtschaftlichkeit

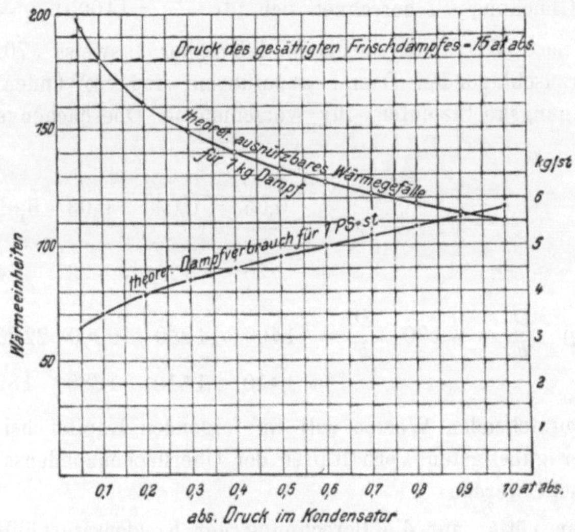

Fig. 12 (nach **Josse**).

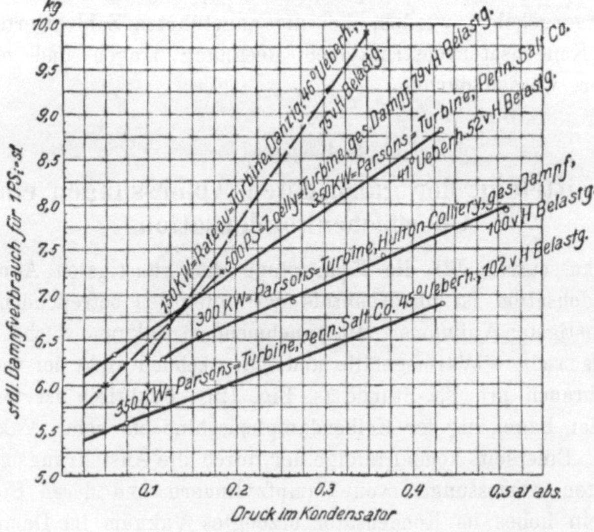

Fig. 13 (nach **Josse**).

der Anlage durch ein Heruntergehen des Vakuums auf 70 % nicht verschlechtert. Demgegenüber eignet sich die Dampfturbine vorzüglich zur Aufnahme großer Dampfvolumina und kann deshalb ein Vakuum von jeder beliebigen Höhe immer wirtschaftlich ausnutzen. Da überdies die Ventilationsverluste der Laufräder mit der Dampfdichte abnehmen, arbeiten gerade die Niederdruckstufen mit günstigstem Wirkungsgrad. Die tatsächliche, durch Versuche ermittelte Abnahme des Dampfverbrauchs verschiedener Turbinensysteme mit sinkendem Vakuum ist aus Fig. 13 zu ersehen. Man muß also bestrebt sein, mit der Turbinenkondensation das unter den gegebenen Verhältnissen wirtschaftlich günstigste Vakuum zu erreichen. Die Grenze ist infolge der Zunahme des Kraftbedarfs der Kondensationspumpen mit zunehmendem Vakuum dadurch gegeben, daß der Gewinn an Turbinenleistung bezw. die Abnahme des Dampfverbrauchs den höheren Kraftbedarf der Kondensationspumpen gerade ausgleicht. Da der letztere ganz von den jeweiligen Umständen, insbesondere von der manometrischen Höhe, gegen welche die Kühlwasserzirkulationspumpe arbeiten muß, abhängt, so wird in verschiedenen Fällen, auch bei gleicher Kühlwassertemperatur, das wirtschaftlich günstigste Vakuum ein anderes sein; seine Höhe hängt außerdem vom Turbinensystem ab, da die Abnahme des Dampfverbrauchs mit zunehmendem Vakuum bei den verschiedenen Systemen verschieden ist, wie ein Blick auf Fig. 13 zeigt. In den meisten Fällen kann man bei 10—30° C. Kühlwassertemperatur ein Vakuum von 97 bis 92% noch mit Vorteil erreichen.

Aber auch wenn das Vakuum für bestimmte Verhältnisse vorgeschrieben ist, sind die Bedingungen für die Bemessung einer Oberflächenkondensation so vielgestaltig, daß es nicht möglich ist, allgemein gültige Regeln für die Berechnung der Kühlfläche sowie der Leistungen der Luft- und Zirkulationspumpen aufzustellen. Die günstigsten Verhältnisse sind vielmehr von Fall zu Fall zu ermitteln. Wie dies geschehen kann, soll im folgenden an einem Rechnungsbeispiel gezeigt werden. Die Berechnungen sollen nach den im 2. Kap. aufgestellten Formeln erfolgen und die günstigsten Verhältnisse durch Variation der einzelnen Größen ermittelt werden.

Rechnungsbeispiel.

Für eine Dampfturbine mit einem stündlichen Dampfverbrauch von $D = 8000$ kg soll die Oberflächenkondensation so bemessen werden, daß bei einer Kühlwasserzuflußtemperatur von $t_1 = 20^\circ$ C. die absolute Kondensatorspannung $p_0 = 800$ kg pro Quadratmeter beträgt. Durch vorherige Versuche an einer ähnlichen Anlage sei ermittelt, daß pro Kilogramm Dampf voraussichtlich 1,4 cdcm Luft von 10000 kg/qm absolutem Druck ($v = 1{,}4$) in den Kondensator gelangen.

Das Oberflächenverhältnis sei mit $f = 0{,}04$ vorgeschrieben; der Wärmedurchgangskoeffizient betrage hierbei $k = 1500$; die zweckmäßigsten Abmessungen der Luft- und Zirkulationspumpe sind zu ermitteln.

Gegeben: $D = 8000$ kg Dampf pro Stunde,
$p_0 = 800$ kg pro Quadratmeter absoluter Kondensatordruck,
$v = 1{,}4$ cdcm Luft von 10000 kg/qm,

$f = 0{,}04$ qm Kühlfläche für 1 kg Dampf,
$k = 1500$ WE. für 1 qm Kühlfläche und 1° C. Temperaturdifferenz.

Gesucht: $L' = \frac{L}{1000}$ = stündliche Saugleistung der Luftpumpe in Kubikmetern,

$W' = \frac{W}{1000}$ = stündliche Leistung der Kühlwasserzirkulationspumpe in Kubikmetern.

Aus den gegebenen Werten folgt ohne weiteres die Größe der Kühlfläche zu:

$$F = 8000 \,.\, f = 320 \text{ qm}.$$

Ferner ergibt sich die Temperatur an der Dampfeintrittsstelle aus der Dampftabelle entsprechend einem absoluten Dampfdruck von 800 kg/qm zu:

$$t_3 = 41{,}3^0 \text{ C}.$$

Nimmt man an, daß der Dampf trocken gesättigt in den Kondensator eintritt, so sind pro Kilogramm Dampf abzuführen:

$$\lambda - q = 578{,}6 \text{ WE}.$$

In einer Stunde sind daher insgesamt abzuführen:

$$Q = 8000 \,.\, 578{,}6 = 4628800 \text{ WE}.$$

Das sind für 1 qm Kühlfläche:

$$\frac{Q}{F} = \frac{4\,628\,800}{320} = 14450 \text{ WE}.$$

Um ein bestimmtes Vakuum zu erreichen, können die Leistungen der Luft- und Kühlwasserpumpe verschieden bemessen werden; wird die Größe der einen Pumpe beliebig angenommen, so kann die der anderen berechnet werden. Im allgemeinen wird man danach streben müssen, die Pumpenabmessungen so gegeneinander abzupassen, daß der Gesamtkraftbedarf bei den gegebenen Verhältnissen ein Minimum wird. Um letzteres zu ermitteln, sind in der Zahlentafel 8 verschiedene Kühlwasserverhältnisse w angenommen und die hierbei erforderlichen Saugleistungen der Luftpumpe (L') berechnet worden. Die zur Berechnung benutzten Formeln sind dem 2. Kap. entnommen und in der Zahlentafel angeführt. Wie zu erwarten, nimmt L' mit zunehmendem w ab. Um den Kraftbedarf zu ermitteln, muß den späteren diesbezüglichen Rechnungen vorgegriffen werden. Es werde angenommen, daß der effektive Arbeitsbedarf pro Kubikmeter Saugleistung der Luftpumpe 4500 mkg beträgt. Für die Luftförderung sind dann erforderlich:

$$N_l = L' \cdot \frac{4500}{3600 \,.\, 75} = L' \,.\, 0{,}0167 \text{ PS}_e.$$

Der Kraftbedarf der Kühlwasserpumpe verändert sich mit der erforderlichen Gesamtförderhöhe (statische Höhe + Widerstände). Er ist

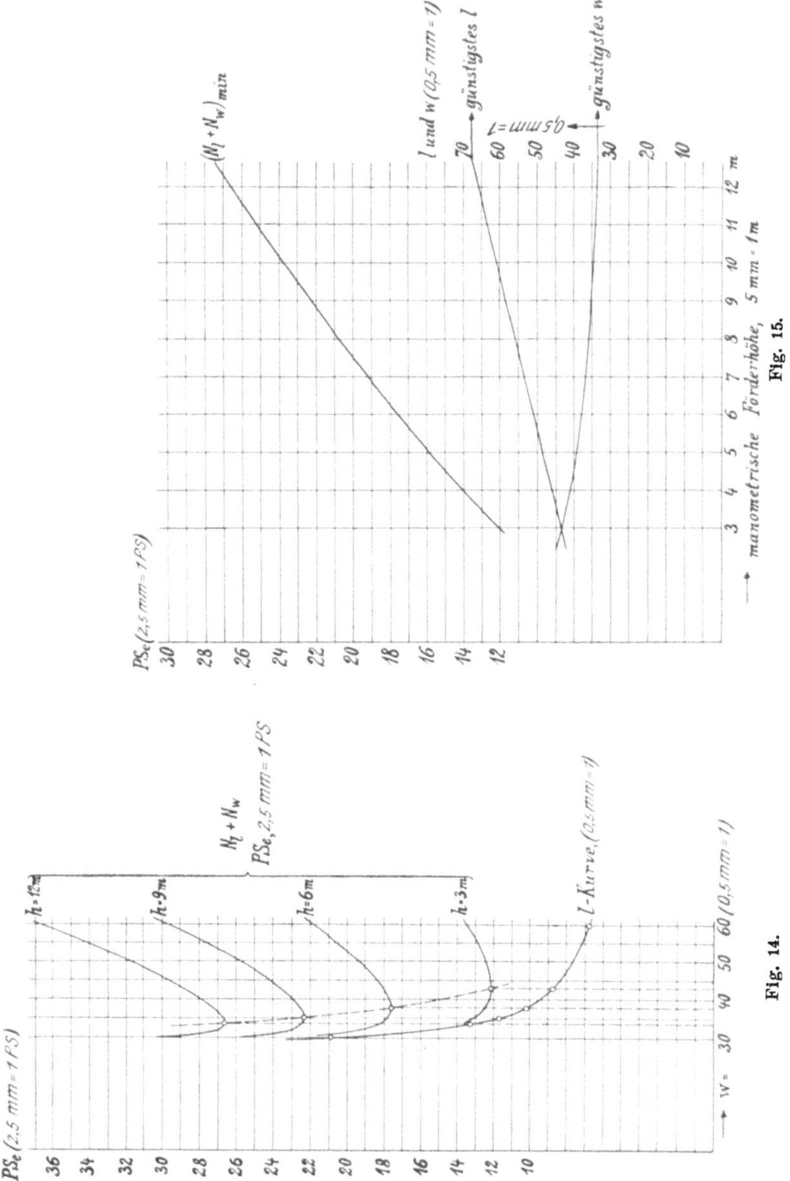

Fig. 15.

Fig. 14.

in der Zahlentafel 9 für 3, 6, 9 und 12 m manometrische Förderhöhe berechnet. Dabei ist eine Zentrifugalpumpe angenommen mit folgenden Wirkungsgraden:

Manometrische Förderhöhe . .	$h = 3$	6	9	12 m
Wirkungsgrad	$\eta = 0{,}6$	0,62	0,64	0,66

Der effektive Kraftbedarf der Kühlwasserpumpe beträgt damit:

$$N_w = \frac{W'.h}{\eta} \cdot \frac{1000}{3600 . 75} = \frac{W'.h}{\eta} \cdot 0{,}0037.$$

Die Ergebnisse der Zahlentafel 9 sind in Fig. 14 zeichnerisch dargestellt. Als Funktion des Kühlwasserverhältnisses w ist einerseits entsprechend der Berechnung nach Zahlentafel 8 der Wert l, andrerseits der Gesamtkraftbedarf $(N_l + N_w)$ für die verschiedenen angenommenen Kühlwasserförderhöhen aufgetragen. Die Kurven des Kraftbedarfes zeigen sämtlich ein Minimum, woraus sich durch Herunterloten auf die l-Kurve und Abszissenachse diejenigen Werte l und w ergeben, für welche das Minimum eintritt. Die (gestrichelte) Verbindungslinie der verschiedenen Minima ist die Kurve des günstigsten Kraftbedarfs bei verschiedenen Förderhöhen des Kühlwassers. Um innerhalb der Grenzen, welche der Rechnung zugrunde gelegt sind, für jede beliebige Förderhöhe die zweckmäßigsten Verhältnisse ermitteln zu können, sind in Fig. 15 die günstigsten Werte l, w und $(N_l + N_w)$ als Funktionen der manometrischen Förderhöhe dargestellt.

Aus Fig. 14 ist zu ersehen, daß man von den günstigsten Werten beträchtlich abweichen kann, ohne daß dadurch der Kraftbedarf eine wesentliche Erhöhung erfährt. Der Konstrukteur wird von diesem Umstande mit Rücksicht auf zweckmäßige Ausnutzung vorhandener Modelle von Luft- und Kühlwasserpumpen häufig Gebrauch machen. Es könnte z. B. bei dem gewählten Rechnungsbeispiel für eine manometrische Förderhöhe von 9 m die Möglichkeit vorliegen, daß für eine stündliche Fördermenge von 360 cbm Wasser das gleiche Zentrifugalpumpenmodell in Frage kommt wie für 280 cbm, während man andrerseits für eine Saugleistung von 330 cbm Luft pro Stunde mit einem kleineren Luftpumpenmodell auskommt als für 464 cbm. Man wird dann die Kondensation mit einer stündlichen Fördermenge von 360 cbm Kühlwasser und 330 cbm Luft ausführen. Die Erhöhung des Kraftbedarfs von 22,35 auf 24,25 PS_e. nimmt man dann für die Verringerung der Anlagekosten in Kauf; sie spielt im Vergleich zu der ganzen Turbinenleistung von ca. 1500 PS. gar keine Rolle.

Der teuerste Teil der Oberflächenkondensation ist der Kondensator. Besteht die Kühlfläche aus Messingrohren von 1 mm Wandstärke, so beträgt das theoretische Messinggewicht des dem Rechnungsbeispiel zugrunde liegenden Kondensators von 320 qm Kühlfläche

$$320 . 100 . 0{,}01 . 8{,}5 = 2720 \text{ kg}.$$

Kostet 1 kg Messing 1,80 M., so beträgt der Preis der Kühlrohre

4900 M.

Der tatsächliche Preis ist noch etwas höher, da die beiden Enden der Messingrohre infolge Einwalzens oder Einsetzens mit Stopfbüchsen in die Rohrböden nicht zu der Kühlfläche rechnen.

Um den Kostenbetrag für Messingrohre zu verkleinern, wird man sich tunlichst bemühen, mit einem kleineren Kondensator auszukommen. Es gibt Kondensationsfirmen, welche speziell bei Turbinenkondensationen zwecks Erzielung eines möglichst hohen Vakuums die Kühlfläche sehr groß bemessen und das Oberflächenverhältnis zu 0,05—0,04 wählen, während andere damit bis auf 0,02 herabgehen. Deshalb ist die Untersuchung von Interesse, wie sich die Verhältnisse mit verändertem Oberflächenverhältnis gestalten. Dabei werde vorausgesetzt, daß die Wassergeschwindigkeit innerhalb der Kühlrohre in allen Fällen dieselbe sei, so daß der Wärmedurchgangskoeffizient hierdurch nicht beeinflußt wird. Dagegen soll die mit der Zunahme von $\frac{Q}{F}$ auftretende Erhöhung von k berücksichtigt werden. Hierfür werde die am Schlusse des 3. Kap. aufgestellte Beziehung:

$$k = 990 + \frac{Q}{F} \cdot 0{,}0365$$

zugrunde gelegt. Man kommt dann für $f = 0{,}05$ — 0,04 — 0,03 — 0,025 — 0,02 bei dem gleichen Rechnungsbeispiel wie vorher auf die in der Zahlentafel 10 zusammengestellten Werte. Um nicht zu weitläufig zu werden, ist die Rechnung nur für eine einzige Kühlwasserförderhöhe (6 m) durchgeführt. Dagegen sind für jedes Oberflächenverhältnis verschiedene Kühlwasserverhältnisse angenommen und die zugehörigen l-Werte berechnet worden, um wiederum in jedem einzelnen Falle die bezüglich des Kraftbedarfs günstigsten Verhältnisse bestimmen zu können. Die Ergebnisse der Zahlentafel 10 sind in Fig. 16 graphisch wiedergegeben. Die Kurven 1—5 stellen den Kraftbedarf für die angenommenen Oberflächenverhältnisse 0,05—0,02 als Funktionen des Kühlwasserverhältnisses dar. Die Minima dieser Kurven sind durch die gestrichelte Linie des günstigsten Kraftbedarfs verbunden. Die Kurven I—V sind die — gleichfalls der Zahlentafel 10 entnommenen — zu den Kurven 1—5 gehörigen — l-Werte. Die günstigsten l- und w-Werte erhält man unmittelbar durch Herabloten jedes Kraftbedarf-Minimums auf die zugehörige l-Kurve bezw. die Abszissenachse. Um für ein beliebiges Oberflächenverhältnis zwischen $f = 0{,}05$ bis $f = 0{,}02$ die günstigsten Werte von l, w und $(N_l + N_w)$ ausmitteln zu können, sind in Fig. 17 diese Werte als Funktion von f aufgetragen. Mit abnehmendem f zeigt sich, wie zu erwarten, eine starke Zunahme des Kraftbedarfs. Dieser ist indes selbst bei $f = 0{,}02$ noch nicht übermäßig groß. Der dem Beispiel zugrunde liegende stündliche Dampfverbrauch von 8000 kg entspricht einer Turbinenleistung von rd. 1500 PS. Der Kraftbedarf der Kondensation beträgt somit:

bei f	0,05	0,02
$N_l + N_w$	16	29 PS.
oder in Prozenten der Turbinenleistung	1,07	1,93 %.

Rechnet man mit einem Wirkungsgrad der Übertragung zwischen Schaltbrett und Pumpen von 0,70, so erhöht sich der Kraftbedarf der Kondensation, am Schaltbrett gemessen, auf:

1,65 bezw. 2,75 %
bei $f = 0,05$ „ 0,02 „ .

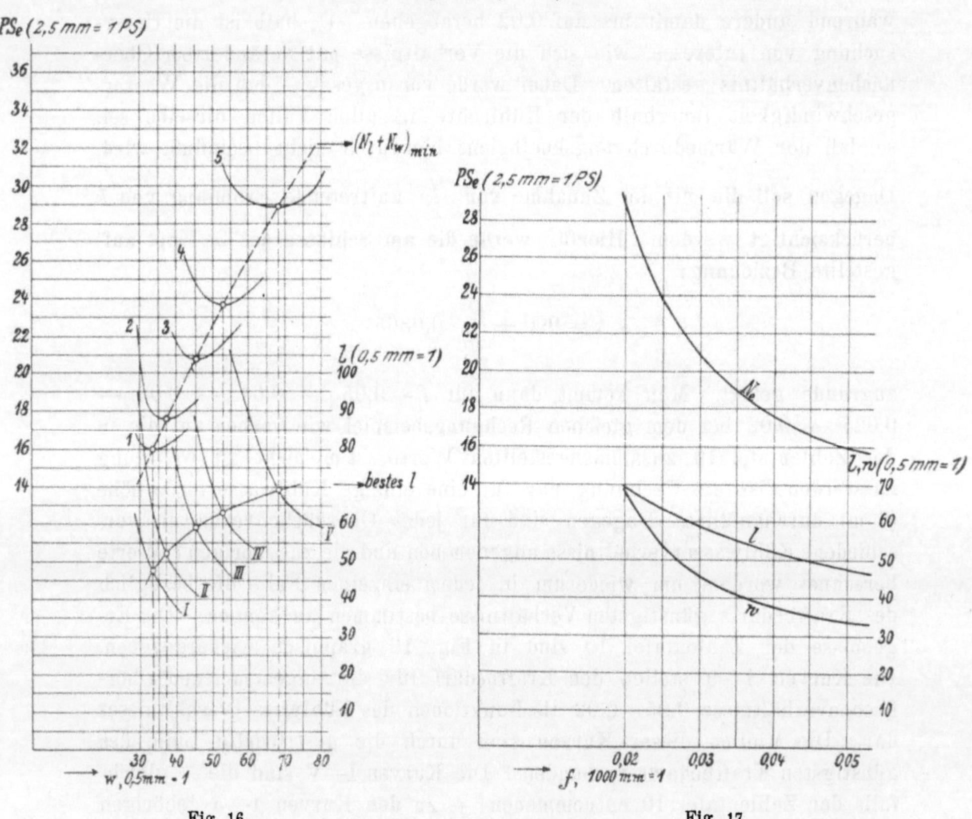

Fig. 16. Fig. 17.

Es bleibt zu beachten, daß die Verkleinerung des Oberflächenverhältnisses in dem vorstehend durchgerechneten Beispiel ohne gleichzeitige Anwendung besonderer Hilfsmittel zur Erhöhung des Wärmedurchgangskoeffizienten, wie sie im vorigen Kapitel besprochen wurden, vorgenommen worden ist. Es ist lediglich der durch Versuche bestätigten Tatsache Rechnung getragen, daß der Wärmedurchgangskoeffizient mit Abnahme von f wächst. Würde man im vorliegenden Falle den Kondensator mit 160 qm, anstatt — wie ursprünglich vorgesehen — mit 320 qm Kühlfläche ausführen, so würde die Ersparnis allein an Messing ca. 2500 M.

betragen, einen Grundpreis von 1,80 M. für 1 kg vorausgesetzt. Die sonstigen Ersparnisse infolge der geringeren Kondensatorabmessungen würden etwa dem Mehrpreise für die größeren Pumpen entsprechen. Demgegenüber beträgt der Mehrkraftbedarf für die Kondensation ungefähr:

$$\frac{13}{0,7} = 18,5 \text{ PS}_{e.},$$

am Schaltbrett gemessen. Bei einem Selbstkostenbetrag von 0,04 M. pro PS_e.-Stunde und 3000 jährlichen Betriebsstunden beträgt somit der Mehraufwand für Kondensationsarbeit:

$$18,5 \,.\, 0,04 \,.\, 3000 = \sim 2200 \text{ M. in 1 Jahr.}$$

Unter diesen Verhältnissen ist die Kondensation mit dem in der Anschaffung teureren Kondensator bedeutend wirtschaftlicher. In den meisten Fällen wird jedoch der Hauptwert auf niedrige Anschaffungskosten gelegt. Außerdem kommt bei den gebräuchlichen Garantien die höhere Kondensationsarbeit auch kaum zum Ausdruck. Wird, wie üblich, der Dampfverbrauch der Turbine einschließlich Kondensationsarbeit garantiert, so beträgt seine Erhöhung durch die Verwendung des knappen Kondensators im vorliegenden Beispiel nur rd. 1 %. Wählt man den ursprünglich vorgesehenen Kondensator von 320 qm Kühlfläche und garantiert einen Dampfverbrauch von 5,0 kg für die effektive Pferdekraftstunde, so wird er sich bei Reduktion auf 160 qm Kühlfläche auf 5,05 kg erhöhen. Das spielt neben der normalen Toleranz von 5 % gar keine Rolle.

Eine wesentliche Veränderung dieser Verhältnisse dürfte auch bei Anwendung der geschilderten Mittel zur Erhöhung des Wärmedurchgangskoeffizienten nicht zu erwarten sein. Diese ermöglichen allerdings eine Verkleinerung der Kühlfläche ohne gleichzeitige Vergrößerung der Abmessungen der Luft- und Kühlwasserpumpe. Die schnellere Wasserzirkulation ist jedoch immer mit erhöhten Reibungswiderständen verbunden, so daß die manometrische Förderhöhe der Kühlwasserpumpe wächst und auf diese Weise der Kraftbedarf der Kondensation erhöht wird.

Bei der Wahl des Oberflächenverhältnisses spielen auch die jeweiligen Messingpreise eine wesentliche Rolle. Preisschwankungen, wie sie beispielsweise im Jahre 1907 stattgefunden haben — Anfang des Jahres betrug der Preis für Messingrohre mit 60 % Kupfergehalt 210—220 M. für 100 kg, Ende des Jahres nur 140—150 M. — beeinflussen auch immer die Wahl des Oberflächenverhältnisses im Kondensationsbau.

Allen vorerwähnten Punkten hat der verantwortliche Konstrukteur Rechnung zu tragen und zwischen den Gegensätzen: niedrige Anschaffungs- und niedrige Betriebskosten geschickt zu vermitteln, um zweckmäßige Anlagen zu schaffen.

Zweiter Abschnitt.

Die Pumpen für getrennte Luft- und Kondensatabsaugung.

5. Kapitel.

Wirkungsweise der trockenen Schieberluftpumpe mit Druckausgleich.

Als trockene Luftpumpen bezeichnet man bei Kondensationen allgemein solche Pumpen, die dazu bestimmt sind, die Luft getrennt vom Kondensat abzusaugen, auch wenn sie mit Wassereinspritzung arbeiten. Man kann die sämtlichen im 3. Abschnitt besprochenen Naßluftpumpen auch als Trockenluftpumpen verwenden, es ist nur durch Wassereinspritzung dafür zu sorgen, daß die schädlichen Räume immer mit Wasser gefüllt sind, um einen guten volumetrischen Wirkungsgrad zu erzielen. Rein theoretisch betrachtet müßte eine solche Pumpe einen hohen Liefergrad haben. Im praktischen Betriebe tritt jedoch bei den Pumpen der früher im Dampfmaschinenbau meist gebräuchlichen, einfachen Bauart als Folge der Schmierung des Kolbens durch Wasser ein verhältnismäßig schneller Verschleiß ein, der den Liefergrad vermindert. Außerdem wird nicht alle angesaugte Luft fortgedrückt; es findet vielmehr eine teilweise Absorption durch das im Totpunkt den schädlichen Raum ausfüllende Wasser statt, wodurch der Liefergrad gleichfalls verschlechtert wird. Durch zweckmäßige Konstruktion und Verwendung besonders widerstandsfähiger Materialien für Kolben und Zylinderlaufbüchse erreicht man aber auch mit diesen Pumpen günstige Ergebnisse, insbesondere bei Anwendung mehrstufiger Kompression.

In Deutschland finden als trockene Luftpumpen für Kondensationen hauptsächlich Schieberluftpumpen ohne Wassereinspritzung Verwendung, bei welchen durch den — zuerst von Weiß angewandten — Druckausgleich der Einfluß des schädlichen Raumes nahezu beseitigt ist. Diese Pumpen sollen im folgenden als Vakuumpumpen bezeichnet werden. Als Schieber benutzt man meist den Flach- oder Hahnschieber. Die Wirkungsweise der Schiebersteuerung mit Druckausgleich für Vakuumpumpen ist ausführlich von E. W. Köster*) beschrieben. Er führt insbesondere den

*) Z d. V. d. Ing. 1895, S. 1083 ff.

rechnerischen Nachweis, daß der volumetrische Wirkungsgrad der Vakuumpumpe am größten ist, wenn das Schieberexzenter um 90⁰ gegen die Kurbel versetzt ist. Diese Exzenteraufkeilung soll auch hier immer zugrunde gelegt werden.

Die meisten Vakuumpumpen zeigen im Prinzip noch die gleiche Konstruktion der Steuerung wie der ursprüngliche Weißsche Schieber. Er ist schematisch in Fig. 18 dargestellt. Hierin bedeutet S den Saugraum des Zylinders, welcher mit dem zu evakuierenden Raum bezw. dem Kondensator in Verbindung steht. K, K sind die Zylinderkanäle. Der Schieber ist in seiner Mittelstellung gezeichnet, welche den beiden Totpunktstellungen des Kolbens entspricht. Der Ausgleichkanal A stellt dabei die Verbindung zwischen beiden Kolbenseiten her. D, D sind die Schieberdruckkanäle, welche durch die Rückschlagventile R, R gegen die äußere Atmosphäre abgeschlossen sind. Die Wirkungsweise des Schiebers wird durch das Zeunersche Diagramm (Fig. 19) und das zugehörige

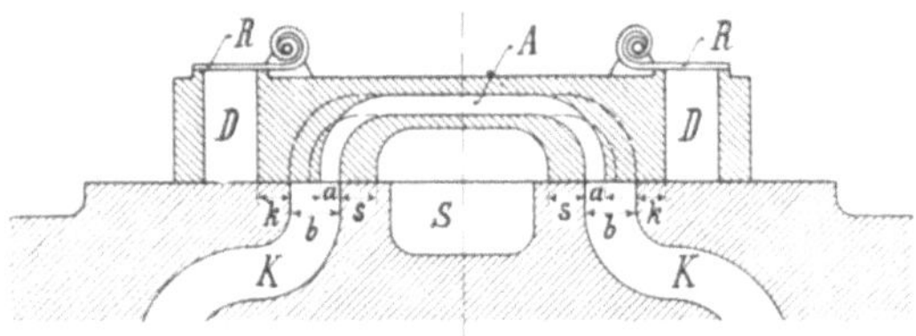

Fig. 18.
(Fig. 18a im Text bedeutet ausgezogene, Fig. 18g gestrichelte Zeichnung.)

Indikatordiagramm (Fig. 20) veranschaulicht. Um in dem letzteren sämtliche Punkte scharf ausgeprägt zu erhalten, sind in Fig. 19 die Werte:

a = Breite des Ausgleichkanales,
k = Drucküberdeckung,
s = Saugüberdeckung,

anormal groß gegenüber der Zylinderkanalbreite b angenommen. Die endliche Pleuelstangenlänge ist nicht berücksichtigt; da das Exzenter gegenüber der Kurbel um 90^0 versetzt ist, gibt das Diagramm die Mittelwerte der Arbeitsperioden der beiden Kolbenseiten. Den Kurbelstellungen 1, 2 . . . . . in Fig. 19 entsprechen die Kolbenstellungen 1', 2' . . . . . in Fig. 20.

Ferner sind bezeichnet mit:

p	der konstante absolute Druck im Saugraum	kg/qm
p_1	der konstante absolute Druck im Kompressionsraum + Überdrückwiderstände	"
p_2	der absolute Druck im schädlichen Raum bei Beginn des Druckausgleichs	"
p'	der absolute Druck auf beiden Kolbenseiten am Ende des Druckausgleichs	"

v das ganze Kolbenhubvolumen . . . . cdcm

$\sigma . v$ der Inhalt des schädlichen Zylinderraumes . . . . . „

$\alpha . v$ „ „ „ Ausgleichkanales A . . . . . . „

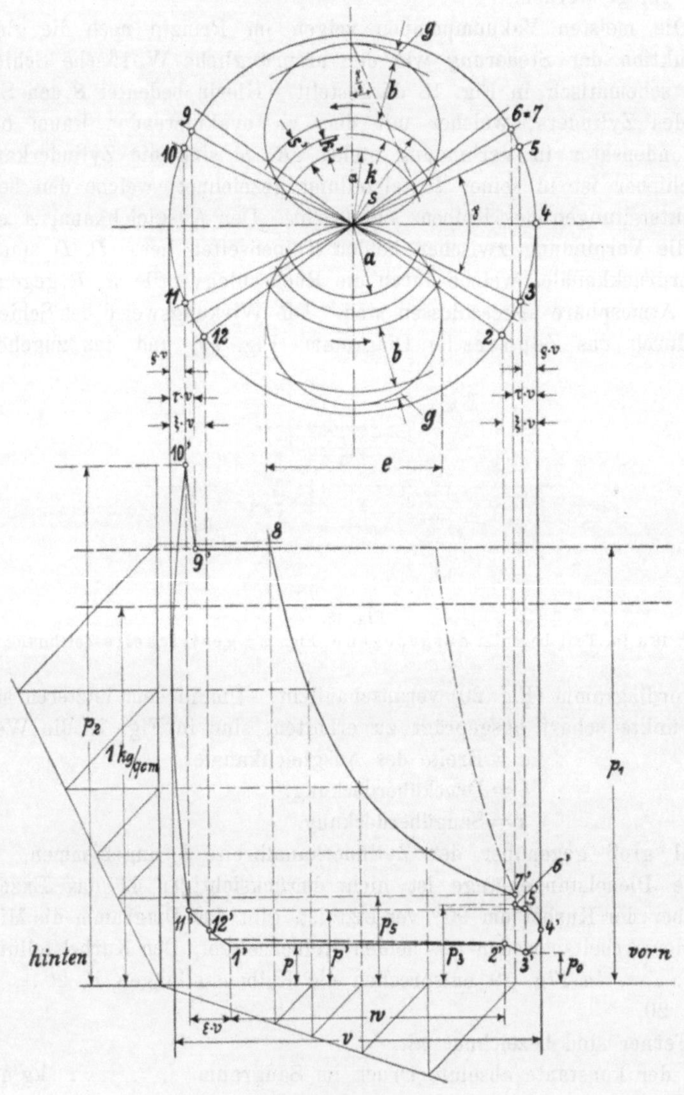

Fig. 19 und 20.

$\delta . v$ der Inhalt des Schieberdruckkanales D . . . . cdcm

$\tau . v$ das Hubvolumen zwischen Abschluß des Schieberdruckkanals D und Totpunktstellung des Kolbens bzw. zwischen Totpunkt und Eröffnung des Druckkanals D „

$\xi \cdot v$	das Hubvolumen zwischen Abschluß des Zylinderkanales K am Ende des Saughubes und Totpunkt bezw. zwischen Totpunkt und Eröffnung von K bei Beginn des Saughubes	cdcm
$\varrho \cdot v$	das Hubvolumen zwischen Eröffnung des Ausgleichkanals und Totpunkt bezw. zwischen Totpunkt und Schluß des Ausgleichkanals	„

Man kann bei dem Druckausgleichschieber folgende Perioden unterscheiden:

1. Ansaugen. Das Ansaugen beginnt bei 1', nachdem der Inhalt des schädlichen Raumes von der Ausgleichspannung p' auf die Saugspannung p expandiert ist. (Der Vorgang wäre der in Fig. 20 ausgezogen dargestellte, wenn das Ansaugen durch ein selbsttätiges Ventil gesteuert, und der Raum, aus welchem gesaugt wird, unendlich groß wäre. In Wirklichkeit stellt der Schieber die Verbindung mit dem Saugraum bereits im Punkte 12' her; es entsteht eine Ausgleichspannung im Zylinder und dem endlich großen Saugraum, und die Spannung sinkt bis zum Ende der Saugperiode [Punkt 2'] auf p herab; man erhält so die gestrichelt dargestellte Sauglinie. Die Annahme, daß die Sauglinie wie ausgezogen verläuft, vereinfacht indes die späteren Ableitungen; da außerdem das Endresultat bezüglich effektiver Saugleistung und volumetrischem Wirkungsgrad in beiden Fällen das gleiche ist, so soll sie fernerhin beibehalten werden.)

Das Ansaugen ist im Punkte 2' beendet, da hier der Schieber K gegen S abschließt. Von 2'—3' erfolgt Expansion von p auf p_0.

2. Druckausgleich. Im Punkt 3' stellt der Druckausgleichkanal die Verbindung zwischen beiden Kolbenseiten her, so daß die Luft aus dem schädlichen Raum der Kolbenseite, die gerade den Druckhub vollendet hat, vor Beginn des Ansaugens auf die andere Kolbenseite tritt, welche soeben die Saugperiode beendet hat. Bei richtiger Ausführung der Steuerung findet ein vollkommener Druckausgleich zwischen beiden Kolbenseiten statt; die gemeinsame Spannung am Ende der Ausgleichperiode (Kolbenstellung 5') ist dann p'.

3. Komprimieren. In 5' beginnt die Kompression des angesaugten Volumens, dessen Druck durch den Ausgleich auf p' erhöht ist. In 6' öffnet der Schieberdruckkanal D. Da dieser von dem vorangegangenen Druckhub her noch mit Luft von Überdruckspannung gefüllt ist, so tritt im Zylinder eine Druckerhöhung von 6' auf 7' ein. Da hierdurch auch der Kraftbedarf vergrößert wird, so folgt, daß der Inhalt des Schieberdruckkanals konstruktiv möglichst klein zu halten ist. Von 7' an folgt ununterbrochene Kompression, bis im Punkte 8 der Druck im Zylinder den äußeren Luftdruck, vermehrt um Steuerungs- und Strömungswiderstände, erreicht. Die Kompressionslinie ist eine Polytrope, die infolge Mantel- und Deckelkühlung zwischen Adiabate und Isotherme verläuft.

4. Fortdrücken. Das Überdrücken beginnt im Punkte 8, sobald der Kompressionsdruck den Druck hinter dem Rückschlagventil R, vermehrt um die unvermeidlichen Widerstände, erreicht hat. Die Überdruckperiode dauert von 8—9′. In 9′ schließt der Druckkanal ab; das noch im Zylinder enthaltene Volumen $v \,.\, (\tau + \sigma)$ wird infolgedessen bis zur Eröffnung des Ausgleichkanals im Punkte 10′ weiter komprimiert. Nach Beendigung des Druckausgleichs findet von 11′ an Expansion des Volumens $v\,(\varrho + \sigma)$ statt, bis in 1′ die Saugspannung erreicht ist.

Fast sämtliche Vakuumpumpen mit Druckausgleich arbeiten in der geschilderten Weise. Konstruktiv am schönsten durchgebildet ist die Konstruktion von Köster (Fig. 21), bei welcher das Rückschlagventil nicht in dem hin und her gehenden Schieber, sondern in dem feststehenden Zylinder angeordnet ist. Eine etwas abweichende Bauart zeigt die Vakuumpumpe der Firma Balcke & Co. (Fig. 22). Während die übrigen Ausführungen den Schieber gleichzeitig zum Steuern der Saug- und Ausgleich-

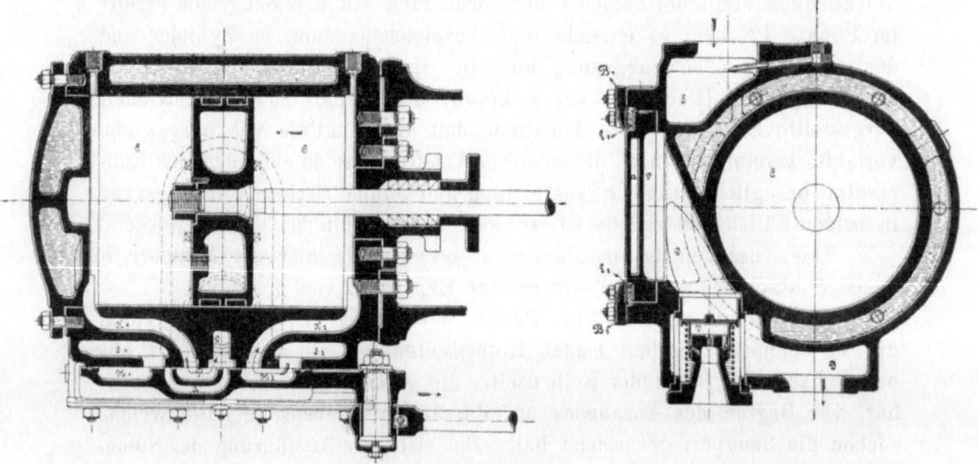

Fig. 21 (nach Dubbel).

sowie des Endes der Druckperiode benutzen, steuert der Balckesche Drehschieber nur die Saug- und Ausgleichperiode. In die unten angeordneten Zylinderkanäle sind selbsttätige Druckventile eingesetzt. Die Konstruktion bietet den Vorteil, daß die Ventile im Falle des Mitreißens von Wasser — womit man bei Kondensationsluftpumpen immer rechnen muß — gleichzeitig als Sicherheitsventile dienen. Es sind jedoch auch verschiedene Nachteile damit verbunden. Insbesondere erfordern die selbsttätigen Ventile kräftige Federbelastung, um pünktlich zu schließen, und lassen keine hohen Umdrehungszahlen zu. Da ferner der Ventilschluß erst im Totpunkt erfolgen kann, so darf der Druckausgleich erst nach diesem beginnen. Hierdurch wird — wie von Köster gezeigt — die volumetrische Leistung beeinträchtigt. Demgegenüber hat die durch Fig. 18 dargestellte Weißsche Konstruktion, bei welcher der Schieber das Ende des Druckhubes steuert, den Vorteil, daß dem Rückschlagventil eine lange

Schlußzeit — bis zur Wiedereröffnung des Schieberdruckkanales D — zur Verfügung steht. Deshalb genügt eine schwache Federbelastung; die Widerstände sind gering und hohe Umdrehungszahlen zulässig. Tritt ein Bruch des Rückschlagventiles ein, so wird von der Eröffnung des Druckkanals (im Punkt 6', Fig. 20) an Luft aus dem Druckraum in den Zylinder zurückströmen. Infolgedessen wird das Diagramm etwa nach der strichpunktierten Linie verlaufen und der Kraftbedarf bedeutend höher

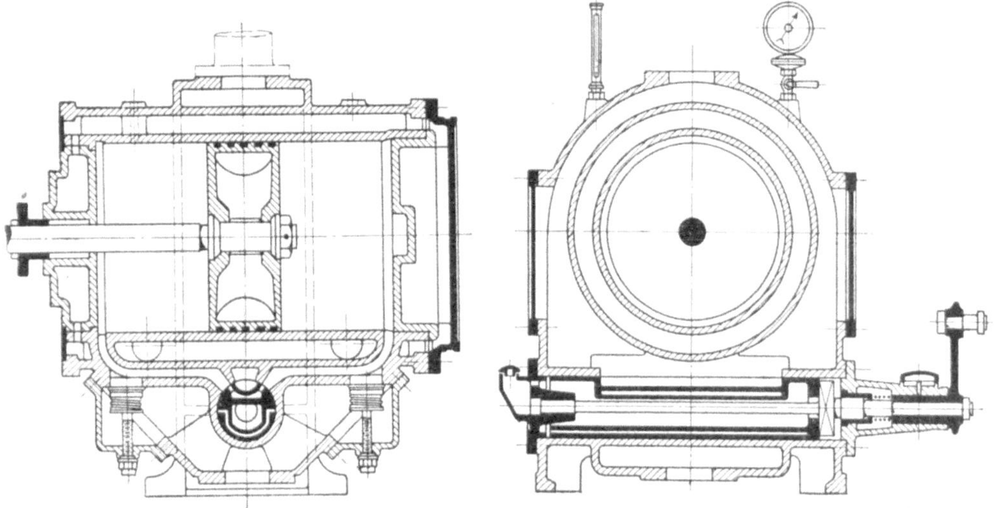

Fig. 22 (nach Dubbel).

als normal sein; die Saugwirkung der Pumpe bleibt dagegen unverändert. Demgegenüber gelangt bei einem Bruch oder Undichtwerden des selbsttätigen Balckeschen Druckventils auch während der Saugperiode Luft aus dem Druckraum in den Zylinder, so daß ein Ansaugen überhaupt nicht mehr möglich ist. Im folgenden soll als der allgemeinere Fall nur die Konstruktion mit vom Schieber gesteuerten Rückschlagventilen behandelt werden.

6. Kapitel.

Der volumetrische Wirkungsgrad der trockenen Schieberluftpumpe mit Druckausgleich.

Der volumetrische Wirkungsgrad ist das Verhältnis des pro Hub angesaugten Volumens, soweit es sich aus dem Diagramm oder durch Rechnung feststellen läßt, zu dem ganzen Hubvolumen. Unter Liefergrad hat man dagegen das Verhältnis des tatsächlich angesaugten Volumens von der Saugspannung p (gemessen in dem zu evakuierenden Raum) zu dem in der gleichen Zeit vom Kolben durchlaufenen Volumen zu verstehen.

Der volumetrische Wirkungsgrad folgt hiernach aus dem Diagramm, Fig. 20, zu:

$$\eta_v = \frac{w}{v}. \tag{10}$$

Seine Größe ist in allen Fällen abhängig von p/p_1, ferner von den Konstruktionsverhältnissen des Zylinders und Schiebers. Es muß beachtet werden, daß der Ausgleichkanal auf zwei grundsätzlich verschiedene Arten angeordnet werden kann, welche in Fig. 18 durch ausgezogene und gestrichelte Darstellung unterschieden sind. (Im folgenden mit Fig. 18a — wie ausgezogen — und Fig. 18g — wie gestrichelt — bezeichnet.) Verfolgt man die Wirkungsweise beider Konstruktionen, so sieht man, daß bei Beginn des Druckausgleichs bei Fig. 18a der Ausgleichkanal Luft vom Druck p_0, bei Fig. 18g vom Druck p_2, enthält. Es ist von Interesse zu untersuchen, welche von beiden Ausführungen vorteilhafter ist. Deshalb sollen beide Fälle gesondert behandelt werden.

Die Kompressionslinie 7′—8′ werde als Polytrope, dagegen die Linien 9′—10′, 11′—1′, 2′—3′ als Isothermen betrachtet, was wegen ihrer kurzen Huberstreckung und des entsprechenden kleinen Kompressions- und Expansionsverhältnisses zulässig ist.

1. Der volumetrische Wirkungsgrad bei der Schieberkonstruktion nach Fig. 18a.

Da bei normalen Ausführungen die Saugüberdeckung s kleiner ist als die Kanalbreite b, so tritt der Ausgleichkanal mit der Saugseite des Kolbens in Verbindung, bevor der Schieber die Saugperiode abgeschlossen hat. Er ist daher zu Beginn jedes neuen Ausgleichs mit Luft von der Spannung p_0 gefüllt.

Der Ausgleichkanal ist auch nach Beginn der Saugperiode einige Zeit mit der Saugseite des Kolbens verbunden. Um die Rechnung zu vereinfachen, werde angenommen, daß die Verbindung mit dem Ausgleichkanal bei Beginn des Saughubes mindestens bis zum Punkte 1′ (Fig. 20), also bis zur Erreichung der Saugspannung p andauert. Die Höhe des volumetrischen Wirkungsgrades ist unabhängig davon, ob dies tatsächlich der Fall ist, oder ob die Spannung im Ausgleichkanal erst am Schlusse des Saughubes auf p sinkt. Am Ende der Saugperiode bei der Kolbenstellung 2′ befindet sich jedenfalls auf der Saugseite des Kolbens das Volumen:

$$v \,.\, (1 - \xi + \sigma + \alpha) \;\ldots\ldots\; \text{vom Druck } p.$$

Bei der Kolbenstellung 3′, unmittelbar bevor der Ausgleichkanal die Verbindung mit dem schädlichen Raum der anderen Kolbenseite herstellt, beträgt das Volumen auf der Saugseite:

$$v \,.\, (1 - \varrho + \sigma + \alpha) \;\ldots\ldots\; \text{vom Druck } p_0.$$

Bei isothermischer Expansion auf dem Kolbenwege 2'—3' ergibt sich daher:

$$p_0 = p \cdot \frac{1 - \xi + \sigma + \alpha}{1 - \varrho + \sigma + \alpha}. \qquad (11\,a)$$

p_0 ist der Druck auf der Saugseite bei Beginn des Druckausgleichs. In diesem Augenblick herrscht auf der Druckseite der Druck p_2. Er ergibt sich durch folgende Rechnung: Bei der Kolbenstellung 9' schließt der Druckkanal. Dabei beträgt das Volumen auf der Druckseite des Kolbens:

$$v \,.\, (\tau + \sigma) \; \ldots\ldots \; \text{vom Druck } p_1.$$

Dieses wird bis zur Eröffnung des Ausgleichkanals bei der Kolbenstellung 10' auf das Volumen

$$v \,.\, (\varrho + \sigma) \; \ldots\ldots \; \text{vom Druck } p_2$$

komprimiert. Somit ist:

$$p_2 = p_1 \cdot \frac{\tau + \sigma}{\varrho + \sigma}. \qquad (12\,a)$$

Zwischen den beiden Kolbenstellungen 10' und 11' findet der Druckausgleich statt. Bei der ersteren befindet sich auf der Saugseite des Kolbens das Volumen:

$$v \,.\, (1 - \varrho + \sigma + \alpha) \; \ldots\ldots \; \text{vom Druck } p_0;$$

auf der Druckseite befindet sich das Volumen:

$$v \,.\, (\varrho + \sigma) \; \ldots\ldots \; \text{vom Druck } p_2.$$

Im Augenblick der Beendigung des Ausgleichs ist das gemeinsame Volumen auf beiden Kolbenseiten:

$$v \,.\, (1 + \alpha + 2\,\sigma) \; \ldots\ldots \; \text{vom Druck } p'.$$

Da das Gesamtvolumen während der Ausgleichperiode konstant bleibt, so ist für diese Zustandsänderung die Mischungsgleichung der Gase*) gültig. Danach ist:

$$p_0 \,.\, v \,.\, (1 - \varrho + \sigma + \alpha) + p_2 \,.\, v \,.\, (\varrho + \sigma) = p' \,.\, v \,.\, (1 + \alpha + 2\,\sigma),$$

$$p' = \frac{p_0 \,.\, (1 - \varrho + \sigma + \alpha) + p_2 \,.\, (\varrho + \sigma)}{1 + \alpha + 2\,\sigma}$$

oder bei Berücksichtigung der Gleichungen (11 a) und (12 a):

$$p' = \frac{p \,.\, (1 - \xi + \sigma + \alpha) + p_1 \,.\, (\tau + \sigma)}{1 + \alpha + 2\,\sigma}. \qquad (13\,a)$$

Nunmehr kann ε (Fig. 20) und damit der volumetrische Wirkungsgrad berechnet werden. Es ist:

$$p' \,.\, v \,.\, (\alpha + \varrho + o) = p \,.\, v \,.\, (\alpha + \varepsilon + \varrho\,\sigma),$$

*) Zeuner, Technische Thermodynamik Bd. I, S. 177, Gleichung 28 b.

$$\varepsilon = \frac{p'}{p} \cdot (\alpha + \varrho + \sigma) - (\alpha + \varrho + \sigma) = \left(\frac{p'}{p} - 1\right) . (\alpha + \varrho + \sigma).$$

Führt man den Wert der Gleichung (13a) für p' ein, so ist:

$$\varepsilon = (\alpha + \varrho + \sigma) \cdot \left[\frac{(1 - \xi + \alpha + \sigma) + \frac{p'}{p} \cdot (\sigma + \tau)}{1 + \alpha + 2\sigma} - 1\right],$$

$$\varepsilon = (\alpha + \varrho + \sigma) \cdot \frac{\frac{p'}{p}(\sigma + \tau) - (\sigma + \xi)}{1 + \alpha + 2\sigma}.$$

Nach Gleichung (10) ist sonach:

$$\eta_v = \frac{w}{v} = \frac{v . (1 - \varepsilon - \varrho - \xi)}{v} = 1 - (\varepsilon + \varrho + \xi),$$

$$\eta_v = 1 - \left[(\alpha + \varrho + \sigma) \cdot \frac{\frac{p'}{p} \cdot (\sigma + \tau) - (\sigma + \xi)}{1 + \alpha + 2\sigma} + \varrho + \xi\right]. \quad (14\,\mathrm{a})$$

2. Der volumetrische Wirkungsgrad bei der Schieberkonstruktion nach Fig. 18 g.

Zwischen den Kolbenstellungen 11' und 3' tritt der Ausgleichkanal nicht mit der Saugseite des Kolbens in Verbindung. Bei der Kolbenstellung 2' befindet sich daher auf der Saugseite des Kolbens das Volumen:

$$v . (1 + \sigma - \xi) \;\ldots\ldots\; \text{vom Druck } p.$$

Bis zur Kolbenstellung 3' ändert sich das Volumen in:

$$v . (1 + \sigma - \varrho) \;\ldots\ldots\; \text{vom Druck } p_0.$$

Hieraus folgt:

$$p_0 = p \cdot \frac{1 + \sigma - \xi}{1 + \sigma - \varrho}. \qquad (11\,\mathrm{g})$$

Der Druckausgleichkanal ist nach Eröffnung des Schieberdruckkanals noch einige Zeit mit der Druckseite des Kolbens verbunden. Kurz vor der Kolbenstellung 9', also noch vor Abschluß des Schieberdruckkanals, tritt er wieder mit der Druckseite des Kolbens in Verbindung und füllt sich mit Luft von dem Druck p_1. Daher befindet sich bei der Kolbenstellung 9' auf der Druckseite das Volumen:

$$v . (\alpha + \sigma + \tau) \;\ldots\ldots\; \text{vom Druck } p_1.$$

Es verkleinert sich bis zum Beginn des Ausgleichs bei der Kolbenstellung 10' auf:

$$v . (\alpha + \sigma + \varrho) \;\ldots\ldots\; \text{vom Druck } p_2.$$

Somit ist:

$$p_2 = p_1 \cdot \frac{\alpha + \sigma + \tau}{\alpha + \sigma + \varrho}. \qquad (12\,\mathrm{g})$$

In gleicher Weise wie bei Ausführung nach Fig. 18a folgt:

$$p_0 \cdot (1 - \varrho + \sigma) + p_2 \cdot (\alpha + \varrho + \sigma) = p' \cdot (1 + \alpha + 2\sigma),$$

$$p' = \frac{p_0 \cdot (1 - \varrho + \sigma) + p_2 \cdot (\alpha + \varrho + \sigma)}{1 + \alpha + 2\sigma},$$

$$p' = \frac{p \cdot (1 + \sigma - \xi) + p_1 \cdot (\alpha + \sigma + \tau)}{1 + \alpha + 2\sigma}, \qquad (13\,\mathrm{g})$$

$$p' \cdot v \cdot (\varrho + \sigma) = p \cdot v \cdot (\varepsilon + \varrho + \sigma),$$

$$\varepsilon = \frac{p'}{p} \cdot (\varrho + \sigma) - (\varrho + \sigma) = (\varrho + \sigma) \cdot \left(\frac{p'}{p} - 1\right).$$

Setzt man in vorstehende Gleichung den Wert von p' aus Gleichung (13g) ein, so ist:

$$\varepsilon = (\varrho + \sigma) \cdot \left[\frac{(1 + \sigma - \xi) + \frac{p_1}{p} \cdot (\alpha + \sigma + \tau)}{1 + \alpha + 2\sigma} - 1\right],$$

$$\varepsilon = (\varrho + \sigma) \cdot \frac{\frac{p_1}{p} \cdot (\alpha + \sigma + \tau) - (\alpha + \sigma + \xi)}{1 + \alpha + 2\sigma}.$$

Weiter ist nach Gleichung (10):

$$\eta_v = \frac{w}{v} = 1 - (\varepsilon + \varrho + \xi),$$

$$\underline{\eta_v = 1 - \left[(\varrho + \sigma) \cdot \frac{\left(\frac{p_1}{p}\right) \cdot (\alpha + \sigma + \tau) - (\alpha + \sigma + \xi)}{1 + \alpha + 2\sigma} + \varrho + \xi\right]}. \qquad (14\,\mathrm{g})$$

Aus den Gleichungen (14a) und (14g) läßt sich bereits ersehen, welche Konstruktion unter sonst gleichen Verhältnissen vorzuziehen ist. Der Zähler des Bruches in der eckigen Klammer, in welchem sich die beiden Gleichungen allein unterscheiden, ergibt ausmultipliziert:

Nach Gleichung (14a):

$$\frac{p_1}{p} \cdot (\underline{\alpha\tau} + \alpha\sigma + \sigma\tau + \sigma^2 + \varrho\tau + \varrho\sigma) - (\underline{\alpha\xi} + \alpha\sigma + \sigma\xi + \sigma^2 + \varrho\xi + \varrho\sigma).$$

Nach Gleichung (14g):

$$\frac{p_1}{p} \cdot (\underline{\alpha\varrho} + \alpha\sigma + \sigma\tau + \sigma^2 + \varrho\tau + \varrho\sigma) - (\underline{\alpha\varrho} + \alpha\sigma + \sigma\xi + \sigma^2 + \varrho\xi + \varrho\sigma).$$

Der untere Wert unterscheidet sich von dem oberen nur in den beiden unterstrichenen Gliedern. Da $\tau > \varrho$, so ist auch:

$$\frac{p_1}{p} \cdot \alpha\tau \text{ [aus Gleichung (14a)]} > \frac{p_1}{p} \cdot \alpha\varrho \text{ [aus Gleichung (14g)]}.$$

Demgegenüber spielt der Umstand, daß $\xi > \varrho$ und somit:

$$\alpha\xi > \alpha\varrho$$

ist, nur eine untergeordnete Rolle, da bei den in Betracht kommenden Saugspannungen von $p = 0{,}03$—$0{,}15$ at. $\frac{p_1}{p} = 33$—7 beträgt. Bei hohem Vakuum wird daher immer

$$\left(\frac{p_1}{p} \cdot \alpha \tau - \alpha \xi\right) > \left(\frac{p_1}{p} \cdot \alpha \varrho - \alpha \varrho\right)$$

sein. Man kommt hiermit zu dem nicht von vornherein zu erwartenden Ergebnis, daß die Anordnung des Ausgleichkanals nach Fig. 18g einen höheren volumetrischen Wirkungsgrad ergibt, als nach Fig. 18a; und zwar wird sich der Unterschied um so fühlbarer machen, je höher das Vakuum ist.

Eine Diskussion der Gleichungen (14a) und (14g) zeigt, daß η_v sowohl mit zunehmendem schädlichen Raum $\sigma . v$, wie auch mit wachsendem Inhalt des Ausgleichkanals $\alpha . v$ abnimmt, daß man also auch α nicht größer machen soll, als zur Erzielung eines vollkommenen Druckausgleichs unbedingt nötig ist.

Von besonderem Interesse ist die Ermittelung der Abhängigkeit des volumetrischen Wirkungsgrades η_v von der Höhe der absoluten Saugspannung p bei einer gegebenen Konstruktion, also unter Zugrundelegung der Werte α, ϱ, σ, τ, ξ und p_1. Um das Abhängigkeitsverhältnis zeichnerisch bequem darstellen zu können, werde in Gleichung (14a) der von der eckigen Klammer eingeschlossene Wert mit y, p mit x bezeichnet. Man hat dann:

$$\eta_v = 1 - y, \tag{15}$$

und

$$y = (\alpha + \varrho + \sigma) \cdot \frac{\frac{p_1}{x} \cdot (\sigma + \tau) - (\sigma + \xi)}{1 + \alpha + 2\sigma} + \varrho + \xi.$$

Setzt man weiter:

$$A = (\alpha + \varrho + \sigma) . p_1 . (\sigma + \tau),$$
$$B = (\alpha + \varrho + \sigma) . (\sigma + \xi),$$
$$C = 1 + \alpha + 2\sigma,$$
$$D = \varrho + \xi,$$

so ist vereinfacht:

$$y = \frac{\frac{A}{x} - B}{C} + D,$$

$$C . y = \frac{A}{x} - B + C . D.$$

Mit:

$$C . D - B = E$$

erhält man:

$$C . y = \frac{A}{x} + E,$$

$$C . x . y - E . x = A. \tag{16}$$

Zu derselben Gleichung gelangt man auf gleichem Wege aus Gleichung (14 g). Die Konstanten haben dabei nur eine etwas andere Bedeutung, und zwar:

$$A = (\varrho + \sigma) . p_1 . (\alpha + \sigma + \tau),$$

$$B = (\varrho + \sigma) . (\alpha + \sigma + \xi),$$

$$C = 1 + \alpha + 2\sigma,$$

$$D = \varrho + \xi,$$

$$E = C . D - B.$$

Gleichung (16) stellt eine gleichseitige Hyperbel dar, deren eine Asymptote mit der Y-Achse zusammenfällt, während die andere im Abstande:

$$y = \frac{E}{C}$$

parallel zur X-Achse verläuft. Legt man ein neues Ordinatensystem fest, dessen Achsen mit den Asymptoten zusammenfallen, so bleiben die Abszissen x unverändert, die neuen Ordinaten betragen:

$$y' = y - \frac{E}{C} \quad \ldots\ldots \quad \left(y = y' + \frac{E}{C}\right).$$

Gleichung (16) geht über in:

$$C . x . y' + C . x \frac{E}{C} - E . x = A,$$

$$C . x . y' = A.$$

Hierin $\frac{A}{C} = F$ gesetzt:

$$x . y' = F. \tag{17}$$

Das ist die Asymptotengleichung der gleichseitigen Hyperbel. F ist zu setzen:

a) Bei der Schieberkonstruktion nach Fig. 18a:

$$F = \frac{A}{C} = p_1 \cdot \frac{(\alpha + \varrho + \sigma) . (\sigma + \tau)}{1 + \alpha + 2\sigma}. \tag{18 a}$$

b) Bei der Schieberkonstruktion nach Fig. 18g:

$$F = \frac{A}{C} = p_1 \cdot \frac{(\varrho + \sigma) . (\alpha + \sigma + \tau)}{1 + \alpha + 2\sigma}. \tag{18 g}$$

Der Abstand der neuen X-Achse von der ursprünglichen beträgt:

a) Bei der Schieberkonstruktion nach Fig. 18a:

$$\frac{E}{C} = \frac{CD - B}{C} = \frac{(1 + \alpha + 2\sigma) . (\varrho + \xi) - (\alpha + \varrho + \sigma) . (\sigma + \xi)}{1 + \alpha + 2\sigma},$$

$$\frac{E}{C} = \frac{(\varrho - \sigma) . (\alpha + \sigma - \xi) + \varrho + \xi}{1 + \alpha + 2\sigma}. \tag{19 a}$$

b) Bei der Schieberkonstruktion nach Fig. 18 g:

$$\frac{E}{C} = \frac{CD - B}{C} = \frac{(1+\alpha+2\sigma)\,.\,(\varrho+\xi) - (\alpha+\sigma+\xi)\,.\,(\varrho+\sigma)}{1+\alpha+2\sigma},$$

$$\frac{E}{C} = \frac{(\xi-\sigma)\,.\,(\alpha+\sigma-\varrho)+\varrho+\xi}{1+\alpha+2\sigma}. \tag{19 g}$$

Von weiterem Interesse ist die Ermittelung des höchsten Vakuums, welches mit einer gegebenen Konstruktion erreicht werden kann. Es tritt ein bei luftdichtem Abschluß des Saugstutzens. Die Vakuumpumpe saugt dann keine frische Luft mehr an, ihr volumetrischer Wirkungsgrad wird zu Null. Aus den Gleichungen (14 a) und (14 g) läßt sich der absolute Druck, welcher hierbei erreicht wird, berechnen.

Es ist:

a) Bei der Schieberkonstruktion nach Fig. 18 a, aus Gleichung (14 a):

$$\eta_v = 0 = 1 - \left[(\alpha+\varrho+\sigma)\cdot\frac{\frac{p_1}{p}(\sigma+\tau)-(\sigma+\xi)}{1+\alpha+2\sigma}+\varrho+\xi\right].$$

Setzt man das Druckverhältnis:

$$\frac{p_1}{p} = z,$$

so ist:

$$z = \left[(1-\varrho-\xi)\cdot\frac{1+\alpha+2\sigma}{\alpha+\varrho+\sigma}+\sigma+\xi\right]\frac{1}{\sigma+\tau}$$

und nach einigen Umformungen:

$$z = \frac{(1-\varrho+\sigma)\,.\,(1+\alpha+\sigma-\xi)}{(\alpha+\varrho+\sigma)\,.\,(\sigma+\tau)}. \tag{20 a}$$

b) Bei der Schieberkonstruktion nach Fig. 18 g, aus Gleichung (14 g):

$$\eta_v = 0 = 1 - \left[(\varrho+\sigma)\cdot\frac{z\,(\alpha+\sigma+\tau)-(\alpha+\varrho+\xi)}{1+\alpha+2\sigma}+\varrho+\xi\right],$$

$$z = \left[(1-\varrho-\xi)\cdot\frac{1+\alpha+2\sigma}{\varrho+\sigma}+\alpha+\sigma+\xi\right]\cdot\frac{1}{\alpha+\sigma+\tau},$$

$$z = \frac{(1+\sigma-\xi)\,.\,(1+\alpha-\varrho+\sigma)}{(\varrho+\sigma)\,.\,(\alpha+\sigma+\tau)}. \tag{20 g}$$

Aus den Gleichungen (20 a) und (20 g) ergibt sich dann der niedrigste absolute Druck p, der erreicht werden kann, zu:

$$p = \frac{p_1}{z}. \tag{21}$$

Beispiel.

Bei einer ausgeführten Vakuumpumpe sind:

$$\sigma = 0{,}03,$$
$$\alpha = 0{,}01,$$
$$\varrho = 0{,}007,$$
$$\tau = 0{,}014,$$
$$\xi = 0{,}018.$$

Hiermit ergibt sich der theoretisch mögliche Wert z zu:

a) Nach Gleichung (20 a):

$$z = \frac{(1 + 0{,}023) \,.\, (1 + 0{,}022)}{0{,}047 \,.\, 0{,}044} = 506.$$

b) Nach Gleichung (20 g):

$$z = \frac{(1 + 0{,}012) \,.\, (1 + 0{,}033)}{0{,}037 \,.\, 0{,}054} = 525.$$

Beträgt die Überdrückspannung:

$$p_1 = 11000 \text{ kg/qm} = 809 \text{ mm } Hg,$$

so ist das theoretisch erreichbare Minimum des Druckes:

a) Bei der Schieberkonstruktion nach Fig. 18 a:

$$\frac{809}{506} = 1{,}6 \text{ mm } Hg; \text{ oder: } \frac{11\,000}{506} = 21{,}7 \text{ kg/qm}$$

b) Bei der Schieberkonstruktion nach Fig. 18 g:

$$\frac{809}{525} = 1{,}54 \text{ mm } Hg; \text{ oder: } \frac{11\,000}{525} = 21{,}0 \text{ kg/qm}.$$

Vorstehendes Ergebnis bestätigt, daß unter sonst genau gleichen Verhältnissen die Schieberkonstruktion nach Fig. 18 g ein etwas günstigeres Ergebnis liefert, als diejenige nach Fig. 18 a. Die Differenz ist allerdings so geringfügig, daß sie gegenüber der Beeinflussung des Vakuums durch andere Umstände, welche sich der rechnerischen Untersuchung entziehen — insbesondere Genauigkeit der Werkstättenausführung — nicht in Betracht kommt.

In Fig. 23 ist für diese Pumpe unter Annahme der Schieberkonstruktion nach Fig. 18 g — der tatsächlichen Ausführung entsprechend — der volumetrische Wirkungsgrad als Funktion der absoluten Saugspannung p dargestellt. Nach Gleichung (15) ist:

$$\eta_v = 1 - y,$$

worin, wie durch die Gleichungen (16) und (17) gezeigt war, y als Funktion von p durch eine gleichseitige Hyperbel dargestellt werden konnte. Die vertikale Asymptote der Hyperbel fällt mit der Y-Achse des Systems zusammen, während die horizontale Asymptote gemäß Gleichung (19 g) im Abstande:

$$\frac{E}{C} = \frac{(\xi - \sigma) \, . \, (\alpha + \sigma - \varrho) + \varrho + \xi}{1 + \alpha + 2\,\sigma} = \frac{-0{,}012 \, . \, 0{,}033 + 0{,}007 + 0{,}018}{1{,}07} = 0{,}023$$

parallel zur X-Achse verläuft.

Ein Punkt der Hyperbel ist bereits bekannt.

Für:

$$\eta_v = 0$$

wird:

$$y = 1 - \eta_v = 1$$

und:

$$x = p = 21 \text{ kg/qm.}$$

Von diesem Punkte aus läßt sich die gesuchte Hyperbel unter Benutzung der beiden Asymptoten in bekannter Weise konstruieren.

[Zu dem gleichen Ergebnis kommt man auch durch die folgende Rechnung:

Nach Gleichung (18g) ist:

$$F = \frac{A}{C} =$$

$$= p_1 \cdot \frac{(\varrho + \sigma) \, . \, (\alpha + \sigma + \tau)}{1 + \alpha + 2\,\sigma} =$$

$$= 11\,000 \cdot \frac{0{,}037 \, . \, 0{,}054}{1{,}07} =$$

$$= 20{,}54.$$

Für $p = 21$ ist nach Gleichung (17):

$$y' = \frac{F}{x} = \frac{20{,}54}{21} = 0{,}977.$$

Da ferner:

$$y = y' + \frac{E}{C},$$

so ist für $p = 21$:

$$y = 0{,}977 + 0{,}023 = 1,$$

wie oben auf anderem Wege ermittelt.]

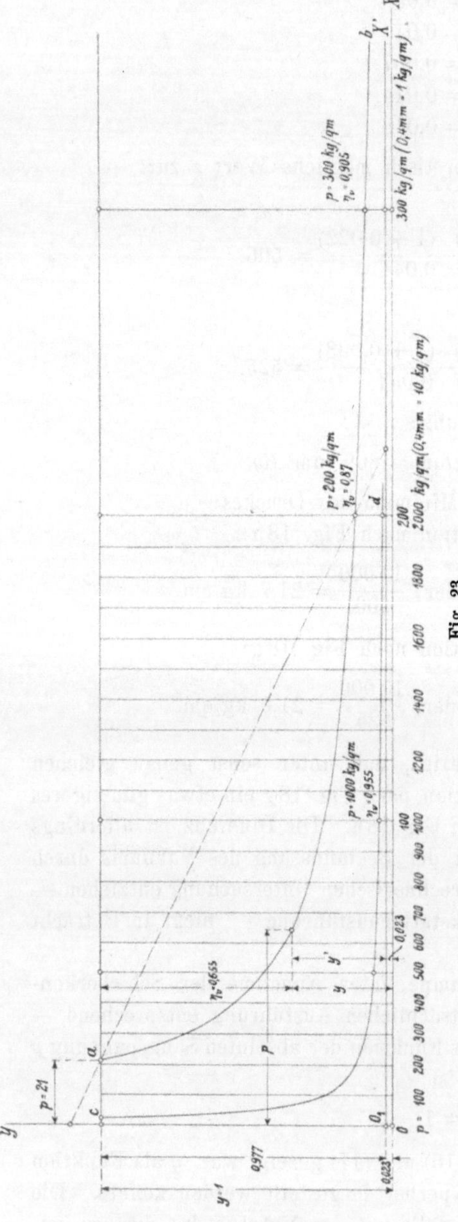

Fig. 23.

In Fig. 23 ist zunächst:

$$1 \text{ kg/qm} = 0{,}4 \text{ mm}$$

gesetzt und vom Punkte a aus mit der Abszisse $x = p = 21$ kg/qm und der Ordinate $y = 1$ die Hyperbel $a\,b$ konstruiert. Als Ordinatenmaßstab ist 40 mm = 1 angenommen. Der volumetrische Wirkungsgrad $\eta_v = 1 - y$ ist dann für eine beliebige Saugspannung p der Abschnitt der zugehörigen Ordinate zwischen der durch a gelegten Horizontalen und der Hyperbel. Er kann direkt in Prozenten abgegriffen werden, wenn man 0,4 mm des Ordinatenmaßstabes = 1 $^0/_0$ setzt.

Um auch für höhere Saugspannungen den volumetrischen Wirkungs grad ablesen zu können, ist die Hyperbel $c\,d$ mit dem Abszissenmaßstab:

$$1 \text{ kg/qm} = 0{,}04 \text{ mm}$$

aufgezeichnet. Aus ihr ergibt sich:

Für $p =$	200	300	400	500	1000	2000 kg/qm
$\eta_v =$	0,87	0,91	0,925	0,935	0,955	0,965

Die Daten, welche den vorstehenden Berechnungen zugrunde liegen, entsprechen Ausführungen von Vakuumpumpen der Maschinenbau-Aktiengesellschaft Pokorny & Wittekind in Frankfurt a. M. Mit denselben wurden bei geschlossenem Saugstutzen auf dem Versuchsstande absolute Saugspannungen von 1—2 mg Hg erreicht. Deshalb kann mit Sicherheit damit gerechnet werden, daß der wirkliche Liefergrad den obigen Werten η_v des volumetrischen Wirkungsgrades sehr nahe kommt. Würde die praktische Ausführung ein schlechteres Vakuum bei geschlossenem Saugstutzen ergeben, so wäre natürlich auch bei höheren Saugspannungen der Liefergrad niedriger als der berechnete volumetrische Wirkungsgrad.

Wenn η_v bekannt ist, ergeben sich die erforderlichen Abmessungen der Vakuumpumpe aus der Beziehung:

$$Q = 2 \,.\, \eta_v \,.\, F \,.\, H \,.\, n \,.\, 60 \text{ cbm/Std.} \tag{22}$$

Hierin bedeutet:

Q die erforderliche stündliche Saugleistung . . . . . . cbm/Std.
F den nutzbaren Kolbenquerschnitt (Mittelwert aus beiden Kolbenseiten) . . . . qm
H den Kolbenhub . . . . m
n die minutliche Umdrehungszahl.

Nimmt man an, daß die Rückexpansionslinie 11′ — 1′ (Fig. 20) adiabatisch verläuft, also steiler abfällt, so erhält man einen höheren volumetrischen Wirkungsgrad. Wenn auch die vorher gemachte Voraussetzung der isothermischen Rückexpansion Werte von η_v liefert, die dem wirklichen Liefergrad entsprechen, so soll der Vollständigkeit wegen hier auch die Berechnung für polytropische Rückexpansion durchgeführt werden. Zugrunde gelegt ist die Anordnung des Ausgleichkanals nach Fig. 18g.

Entsprechend Gleichung (13g) ist die Druckausgleichspannung:

$$p' = \frac{p\,.\,(1 + \sigma - \xi) + p_1\,.\,(\alpha + \sigma + \tau)}{1 + \alpha + 2\,\sigma}. \tag{13 g}$$

Bei polytropischer Rückexpansion wird:

$$p' \cdot (\varrho + \sigma)^n = p \cdot (\varepsilon + \varrho + \sigma)^n.$$

Hieraus ergibt sich:

$$\varepsilon = \left(\frac{p'}{p}\right)^{\frac{1}{n}} \cdot (\varrho + \sigma) - \varrho - \sigma.$$

Der volumetrische Wirkungsgrad ist wieder wie früher:

$$\eta_v = 1 - \varepsilon - \varrho - \xi,$$

$$\eta_v = 1 + \sigma - \xi - \left(\frac{p'}{p}\right)^{\frac{1}{n}} \cdot (\varrho + \sigma).$$

Mit dem Wert der Gleichung (13g) für p' ist:

$$\eta_v = 1 + \sigma - \xi - \left[\frac{1 + \sigma - \xi}{1 + \alpha + 2\sigma} + \frac{p_1}{p} \cdot \frac{\alpha + \sigma + \tau}{1 + \alpha + 2\sigma}\right]^{\frac{1}{n}} \cdot (\varrho + \sigma).$$

Es werde gesetzt:

$$1 + \sigma - \xi = A,$$

$$\frac{1 + \sigma - \xi}{1 + \alpha + 2\sigma} = B,$$

$$p_1 \frac{\alpha + \sigma + \tau}{1 + \alpha + 2\sigma} = C,$$

$$(\varrho + \sigma) = D.$$

Dann ist:

$$\eta_v = A - \left[B + \frac{C}{p}\right]^{\frac{1}{n}} \cdot D.$$

Setzt man weiter:

$$\left[B + \frac{C}{p}\right]^{\frac{1}{n}} \cdot D = y,$$

$$p = x,$$

so ist:

$$y^n = \left(B + \frac{C}{x}\right) \cdot D^n.$$

Mit:

$$B \cdot D^n = E$$

und

$$C \cdot D^n = F$$

wird:

$$y^n = E + \frac{F}{x},$$

$$x \cdot y^n - E \cdot x = F.$$

Das ist die Gleichung einer Polytropen, deren eine Asymptote mit der Y-Achse des rechtwinkligen Koordinatensystems zusammenfällt, während die andere parallel zur X-Achse im Abstande E verläuft. Setzt man nämlich:

$$y'^n = y^n - E \text{ bezw. } y^n = y'^n + E,$$

so ist:

$$x \,.\, y'^n + x \,.\, E - x \,.\, E = F,$$

$$x \,.\, y'^n = F.$$

Das ist die übliche, auf die beiden Asymptoten als Koordinatenachsen bezogene Gleichung der Polytropen. Unter Annahme des Exponenten n zwischen 1 und 1,41, entsprechend dem Einfluß der Kühlwirkung, kann diese polytropische Kurve in bekannter Weise konstruiert werden,*) nachdem man einen Punkt derselben — etwa für $\eta_v = 0$ — festgelegt hat.

7. Kapitel.

Berechnung des Ausgleichkanals, der Schieber- und Kanalabmessungen.

Da der volumetrische Wirkungsgrad mit zunehmendem α abnimmt, so muß der Inhalt des Ausgleichkanals konstruktiv so klein wie möglich gehalten werden; sein Querschnitt muß jedoch andrerseits auch groß genug sein, um in der zur Verfügung stehenden Zeit einen möglichst vollkommenen Druckausgleich zu ermöglichen. Zu seiner Berechnung ist daher die Kenntnis der günstigsten Geschwindigkeit erforderlich, mit welcher die Luft aus dem schädlichen Raum der einen Kolbenseite auf die andere Kolbenseite hinübertritt. Man ermittelt sie in der von Köster angegebenen Weise an einer ausgeführten Pumpe durch Veränderung der Umdrehungszahl bei geschlossenem Saugstutzen. Der Umdrehungszahl, bei welcher das höchste Vakuum erreicht wird, entspricht die günstigste Ausgleichgeschwindigkeit.

In der nachfolgenden Berechnung des Ausgleichkanals bedeutet entsprechend den Bezeichnungen der Fig. 18, 19 und 20:

h	die Höhe des Zylinder- und Ausgleichkanals senkrecht zur Zylinderachse	cm,
b	die Breite des Zylinderkanals parallel zur Zylinderachse	„
a	die Breite des Ausgleichkanals parallel zur Zylinderachse	„
$k = a + k'$	die Drucküberdeckung	„
$s = a + s'$	die Saugüberdeckung	„
g	den Betrag, um welchen die steuernde Saugschieberkante beim Saughub in der äußersten Schieberstellung die Zylinderkanalkante überschleift	„
e	die Exzentrizität	„
n	die minutliche Umdrehungszahl der Vakuumpumpe,	
T	die Zeit einer Umdrehung	Sek.,
t	die Zeit einer Ausgleichperiode (= Zeit für den Kurbelweg von 3 nach 5)	„

*) Zeuner Bd. I, S. 154.

f den Querschnitt des Ausgleichkanals . . . . qcm,
$\sigma . v$ den Inhalt des schädlichen Raums . . . . ccm,
c die Ausgleichgeschwindigkeit . . . . cm/Sek.

Wenn man die Breite a des Ausgleichkanals nicht auf beiden Zylinderseiten verschieden machen will, so ist die Ausgleichdauer infolge der endlichen Pleuelstangenlänge vorn und hinten verschieden. Den Mittelwert erhält man unter Zugrundelegung unendlicher Pleuelstangenlänge entsprechend den folgenden Berechnungen.

Die Exzentrizität ist nach Fig. 19:

$$e = s + b + g = (a + s') + b + g, \tag{23}$$

$$a = e . \sin\left(\frac{\gamma}{2}\right) \ldots\ldots \sin\left(\frac{\gamma}{2}\right) = \frac{a}{e},$$

$$T = \frac{60}{n},$$

$$t = \frac{\gamma}{2\pi} \cdot T = \frac{\gamma . 60}{2 . \pi . n} = \frac{30}{\pi} \cdot \frac{\gamma}{n}, \tag{24}$$

$$f = a . h.$$

Das Volumen $\sigma . v$ muß während der Zeit t mit der Geschwindigkeit c aus dem schädlichen Raum der einen Zylinderseite auf die andere Zylinderseite übertreten. Daher ist:

$$\sigma . v = f . c . t = (a . h) . c . t,$$

$$a = \frac{\sigma . v}{h . c . t}.$$

Setzt man in diese Gleichung den Wert von t aus Gleichung (24) ein, so ist:

$$a = \frac{\pi . \sigma . v . n}{30 . c . h . \gamma}.$$

Da $\frac{\gamma}{2}$ immer ein sehr kleiner Winkel ist, so kann gesetzt werden:

$$\frac{\gamma}{2} = \sim \sin\frac{\gamma}{2} = \frac{a}{e},$$

$$\gamma = \sim 2 \cdot \frac{a}{e}.$$

Die Ungenauigkeit, welche durch diese Annahme in die Rechnung kommt, ist viel geringer als der Einfluß der endlichen Pleuelstangenlänge, sowie die erforderliche Abrundung aller Schieberabmessungen auf ganze oder halbe Millimeter. Mit $\gamma = 2 \cdot \frac{a}{e}$ ist:

$$a = \frac{\pi . \sigma . v . n . e}{60 . h . c . a},$$

$$a^2 = \frac{\pi . \sigma . v . n . e}{60 . h . c}.$$

Setzt man in diese Gleichung den Wert von e aus Gleichung (23) ein, so ist:

$$a^2 = \frac{\pi \,.\, \sigma \,.\, v \,.\, n}{60 \,.\, h \,.\, c} \cdot a + \frac{\pi \,.\, \sigma \,.\, v \,.\, n}{60 \,.\, h \,.\, c} \cdot (s' + b + g),$$

$$a = \frac{1}{2} \cdot \frac{\pi \,.\, \sigma \,.\, v \,.\, n}{60 \,.\, h \,.\, c} \pm \sqrt{\frac{\pi \,.\, \sigma \,.\, v \,.\, n}{60 \,.\, h \,.\, c} \cdot (s' + b + g) + \frac{1}{4} \cdot \left(\frac{\pi \,.\, \sigma \,.\, v \,.\, n}{60 \,.\, h \,.\, c}\right)^2},$$

$$a = \frac{\pi \,.\, \sigma \,.\, v \,.\, n}{60 \,.\, h \,.\, c} \cdot \left[0{,}5 \pm \sqrt{\frac{60 \,.\, h \,.\, c \,.\, (s' + b + g)}{\pi \,.\, \sigma \,.\, v \,.\, n} + 0{,}25}\right]. \qquad (25)$$

Nur das positive Vorzeichen vor der Wurzel liefert brauchbare Werte. Man berechne zunächst die Zylinderkanalabmessungen b und h und den Inhalt des schädlichen Raumes $\sigma \,.\, v$. Dann nehme man den Wert s', etwa gleich 0,3—0,4 cm und g gleich 0,1—0,2 cm an, worauf sich aus Gleichung (25) unmittelbar die Breite a des Ausgleichkanals und aus Gleichung (23) die Exzentrizität ergibt. Man kommt auf diesem Wege — namentlich bei Neukonstruktionen, für welche noch keine Unterlagen vorliegen — viel schneller zum Ziel als mit dem in der Praxis meist üblichen Probieren.

Rechnungsbeispiel.

Die Anwendung der abgeleiteten Formeln soll an einem Beispiel gezeigt werden; Fig. 24a, 24b, 25a, 25b sind die zugehörigen Maßzeichnungen. Insbesondere sind die Maße eingetragen, welche zur Berechnung von α und σ nötig sind.

Die effektive Saugleistung der Pumpe soll bei einem Liefergrad von 0,9 stündlich 700 cbm betragen. Die Abmessungen seien gewählt zu:

Zylinderdurchmesser . . . . $D = 400$ mm,
Hub . . . . $H = 300$ „
minutliche Umdrehungszahl . . . . . $n = 175$.

Damit ist bei einem einseitigen Stangendurchmesser von 40 mm die mittlere nutzbare Kolbenfläche:

$$F = 1250 \text{ qcm} = 0{,}125 \text{ qm}.$$

Die stündliche Saugleistung ist nach Gleichung (22):

$$Q = 2 \,.\, 0{,}9 \,.\, 0{,}125 \,.\, 0{,}3 \,.\, 175 \,.\, 60 = 710 \text{ cbm/Stde.}$$

Die mittlere Kolbengeschwindigkeit beträgt:

$$w = \frac{0{,}3 \,.\, 175}{30} = 1{,}75 \text{ m/Sek.}$$

$$F \,.\, w = 1250 \,.\, 1{,}75 = 2187{,}5.$$

Die Konstruktionen (Fig. 24 und 25) sind so gewählt, daß in Fig. 24 die Zylinderkanäle möglichst kurz sind und sich infolgedessen ein kleiner schädlicher Raum — σ — ergibt; man muß dann einen langen Ausgleichkanal in Kauf nehmen. Bei der Zylinderkonstruktion nach Fig. 25 ist dagegen Wert darauf gelegt, einen kurzen Ausgleichkanal und damit ein kleines α zu erhalten; man hat dann den Nachteil langer Zylinderkanäle und großer schädlicher Räume — σ —. Beide Fälle sollen untersucht werden, um festzustellen, welche Konstruktion die günstigsten Ergebnisse liefert.

Man rechnet im allgemeinen bei Vakuumpumpen mit Luftgeschwindigkeiten von 30—50 m in den Zylinder- und Schieberkanälen, bezogen auf die mittlere Kolbengeschwindigkeit. Es ist nachgewiesen, daß hiermit bei den in Frage kommenden stark verdünnten Gasen und Dämpfen noch kein meßbarer Vakuumverlust eintritt. Die Saugspannung p ist dann identisch mit dem absoluten Kondensatordruck p_0.

Hier werde gerechnet mit den Luftgeschwindigkeiten bei der Konstruktion nach Fig. 24:

$$35 \text{ m/Sek.},$$

nach Fig. 25:

$$30 \text{ m/Sek.},$$

erstere kann höher gewählt werden, da die Kanäle kurz und glatt sind. Der Kanalquerschnitt ist hiermit bei Fig. 24:

$$\frac{F \,.\, w}{35} = 62{,}5 \text{ qcm}.$$

In der Ausführung werde gewählt:

$$b = 2{,}2 \text{ cm};\; h = 28 \text{ cm},$$

damit ist der wirkliche Kanalquerschnitt:

$$2{,}2 \,.\, 28 = 61{,}6 \text{ qcm}.$$

Bei Fig. 25 ergibt sich:

$$\frac{F \,.\, w}{30} = 73 \text{ qcm}.$$

Der Kanal werde ausgeführt mit:

$$b = 2{,}4 \text{ cm};\; h = 30 \text{ cm},$$

damit ist der wirkliche Kanalquerschnitt:

$$2{,}4 \,.\, 30 = 72 \text{ qcm}.$$

Diese Werte sind den Konstruktionen Fig. 24 und 25 zugrunde gelegt.

Da die Größe des schädlichen Raumes hauptsächlich durch den Inhalt des Zylinderkanals bestimmt wird, ist der Schieberspiegel möglichst nahe an die Zylinderachse heranzurücken. Der Abstand des Schieberspiegels von der Zylinderachse kann unter Umständen gegeben sein durch die kleinstmögliche Entfernung des Schieberantriebexzenters von Mitte Maschinenachse. Bei den geringen Konstruktionsdrücken der Luftpumpen wird man indes den Zylinderdurchmesser meist so groß machen, daß der Abstand des Schieberspiegels nur durch folgende konstruktive Rücksichten

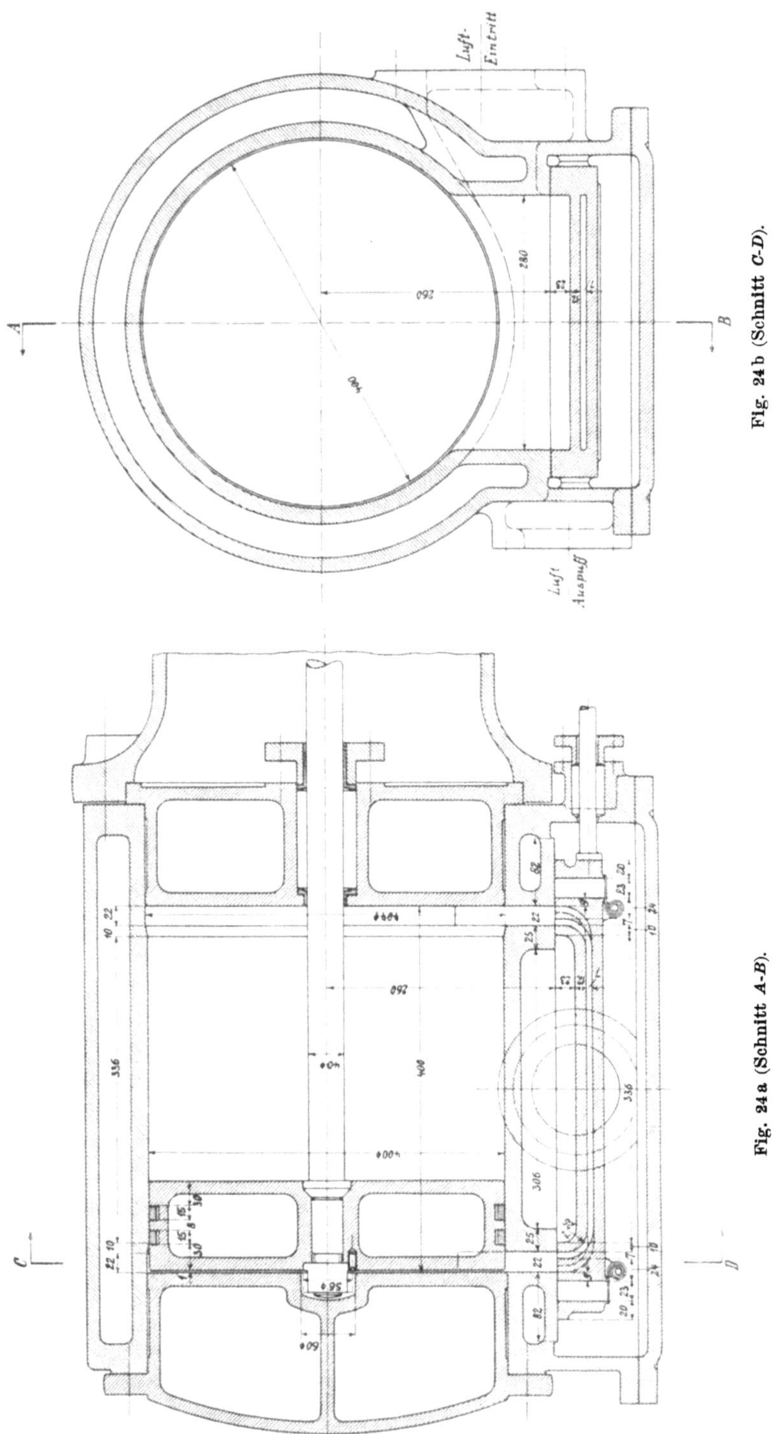

Fig. 24b (Schnitt *C-D*).

Fig. 24a (Schnitt *A-B*).

bestimmt wird: Es muß möglich sein, bei Ausführung nach Fig. 24 die Luftzuführung, nach Fig. 25 Luftzu- und abführung zwischen Schieberspiegel und Zylinderwandung unterzubringen. In den axialen Schnitten durch Mitte Zylinderspiegel (Fig. 24 a und 25 a) müssen die entsprechenden Kanäle so bemessen sein, daß die halbe Luftmenge mit der zulässigen Geschwindigkeit senkrecht zur Schnittebene durchströmen kann. Ferner müssen diese Kanalquerschnitte nach dem Luftein- und austrittsstutzen hin derart erweitert werden, daß an keiner Stelle die zulässige Geschwindigkeit überschritten wird. (Z. B. Luftzutritt durch Querschnitt A in Fig. 25 b.) In Fig. 25 b wird die erforderliche Querschnittserweiterung dadurch erleichtert, daß der Zylinderkanal, wie vielfach üblich, konzentrisch zur Zylinderachse gekrümmt ist.

Die Länge des Schiebers und Schieberspiegels ist dadurch bestimmt, daß der Schieber in seinen äußersten Stellungen noch den vollen Saug- und Druckquerschnitt freigeben muß. In Fig. 25 a beträgt z. B. die Exzentrizität 35 mm. In den äußersten Schieberstellungen bleiben daher vom Zylinderdruckkanal D noch frei:

$$48 - 35 + 11 = 24 \text{ mm Breite,}$$

wie erforderlich.

Diesen Gesichtspunkten ist bei der Konstruktion der Fig. 24 und 25 Rechnung getragen. Der Inhalt des schädlichen Raumes ergibt sich bei genauer Berechnung:

bei Fig. 24 zu: $\sigma . v = 658$ ccm,
„ „ 25 „ $\sigma . v = 1727$ „ .

Das Hubvolumen beträgt in beiden Fällen:

$$v = 1250 . 30 = 37\,500 \text{ ccm.}$$

Somit σ:

in Fig. 24: $\sigma = 0{,}0175$ oder 1,75 %,
„ „ 25: $\sigma = 0{,}046$ „ 4,6 „ .

Für die Berechnung des Ausgleichkanals werde in beiden Fällen entsprechend Ausführungen angenommen:

$$k' = 0{,}2 \text{ cm.}$$

$$s' = 0{,}3 \text{ „}$$

$$g = 0{,}1 \text{ „}$$

Die Länge der Mittellinie des Ausgleichkanals beträgt in Fig. 24 408 mm, in Fig. 25 nur 144 mm. Wird bei der letzteren Ausführung die zulässige Ausgleichgeschwindigkeit angenommen zu:

$$c_2 = 40 \text{ m,}$$

so darf in Fig. 24 nur eine Geschwindigkeit von:

$$c_1 = \frac{144}{408} \cdot 40 = \sim 14 \text{ m}$$

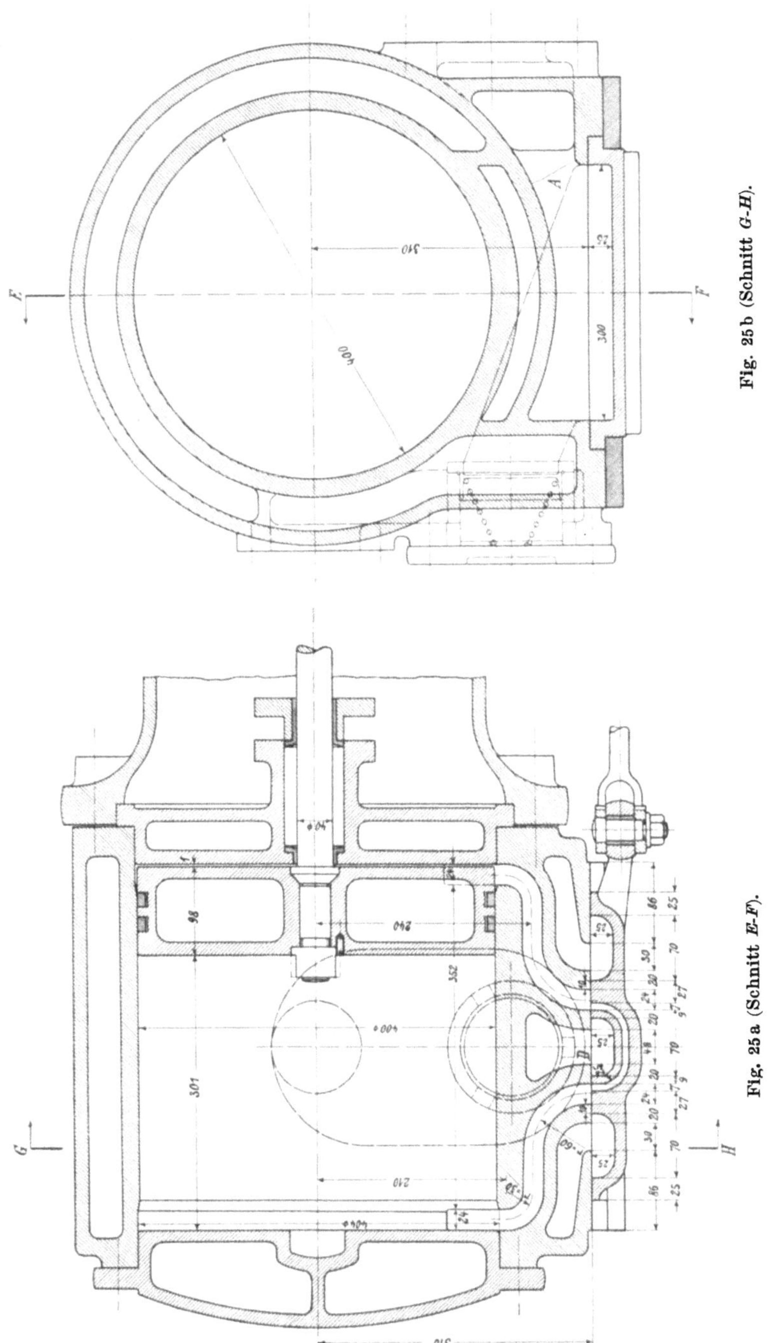

Fig. 25b (Schnitt *G-H*).

Fig. 25a (Schnitt *E-F*).

zugrunde gelegt werden, weil hier die von der einen auf die andere Kolbenseite übertretende Luft einen im Verhältnis $\frac{408}{144}$ längeren Weg zurückzulegen hat.

Man erhält dann nach Gleichung (25) bei Fig. 24:

$$a = \frac{3{,}14 \,.\, 658 \,.\, 175}{60 \,.\, 28 \,.\, 1400} \cdot \left[0{,}5 + \sqrt{\frac{60 \,.\, 28 \,.\, 1400 \,.\, (0{,}3 + 2{,}2 + 0{,}1)}{3{,}14 \,.\, 658 \,.\, 175} + 0{,}25}\right],$$

$a = 0{,}712$ cm.

Der Ausführung werde zugrunde gelegt:

$$a = 0{,}7 \text{ cm.}$$

Dabei wird die Ausgleichgeschwindigkeit:

$$c_1 = 14 \cdot \frac{0{,}712}{0{,}7} = 14{,}25 \text{ m,}$$

und die Exzentrizität nach Gleichung (23):

$$e = a + s' + b + g = 0{,}7 + 0{,}3 + 2{,}2 + 0{,}1 = 3{,}3 \text{ cm.}$$

Bei der Konstruktion nach Fig. 25 erhält man:

$$a = \frac{3{,}14 \,.\, 1727 \,.\, 175}{60 \,.\, 30 \,.\, 4000} \cdot \left[0{,}5 + \sqrt{\frac{60 \,.\, 30 \,.\, 4000 \,.\, (0{,}3 + 2{,}4 + 0{,}1)}{3{,}14 \,.\, 1727 \,.\, 175} + 0{,}25}\right],$$

$a = 0{,}675$ cm.

Für die Ausführung werde auch hier gewählt:

$$a = 0{,}7 \text{ cm.}$$

Dabei ist die Ausgleichgeschwindigkeit:

$$c_2 = 40 \cdot \frac{0{,}675}{0{,}7} = 38{,}6 \text{ m,}$$

und die Exzentrizität nach Gleichung (23):

$$e = 0{,}7 + 0{,}3 + 2{,}4 + 0{,}1 = 3{,}5 \text{ cm.}$$

Die Schieber sind mit diesen Abmessungen in Fig. 24 und 25 aufgezeichnet. Praktisch würde man den Ausgleichkanal in Fig. 24a nach den ausgezogenen Linien anordnen, obgleich die Ausführung nach den punktierten Linien theoretisch richtiger wäre. Der theoretisch errechnete Vorteil wird indes teilweise durch das größere a bei der gestrichelten Ausführung wieder aufgewogen. Aus der berechneten Breite a und der Höhe h der Ausgleichkanäle sowie ihrer vorher angegebenen gestreckten Länge ergibt sich der Inhalt zu:

1. nach Fig. 24: $\alpha \,.\, v = 0{,}7 \,.\, 28 \,.\, 40{,}8 = 800$ ccm,
2. „ „ 25: $\alpha \,.\, v = 0{,}7 \,.\, 30 \,.\, 14{,}4 = 302$ „ .

Somit ist α:

1. nach Fig. 24: $\alpha = \frac{800}{37\,500} = 0,0213$ oder 2,13 %,

2. „ „ 25: $\alpha = \frac{302}{37\,500} = 0,00806$ „ 0,806 „ .

Um das theoretisch mögliche höchste Vakuum als Gradmesser für den Liefergrad berechnen zu können, sind in Fig. 26 und 27 die Schieberdiagramme für beide Konstruktionen zwecks Ermittelung von ϱ, τ, ξ aufgezeichnet. Nachstehend sind die hieraus bestimmten Werte ϱ, τ, ξ gleichzeitig mit den vorher berechneten Abmessungen zusammengestellt:

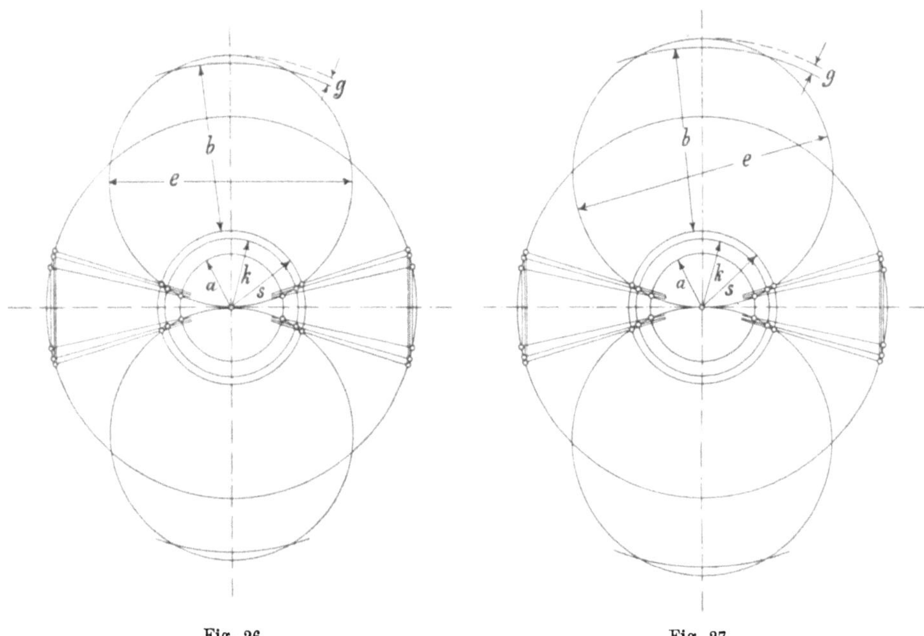

Fig. 26. Fig. 27.

	Fig. 24 u. 26	Fig. 25 u. 27	
Kanalhöhe h	280	300	mm.
Breite des Zylinderkanals b	22	24	„
„ „ Ausgleichkanals a	7	7	„
Saugüberdeckung s	10	10	„
Drucküberdeckung k	9	9	„
Exzentrizität e	33	35	„
Schädlicher Zylinderraum σ	0,0175	0,046	
Inhalt des Ausgleichkanals α	0,0213	0,00806	
ϱ	0,011	0,010	
τ	0,019	0,017	
ξ	0,023	0,021	

Für die Schieberkonstruktion nach Fig. 24 ist das höchstmögliche Vakuum nach Gleichung (20 a) zu berechnen. Es ist:

$$z = \frac{1{,}0065 \, . \, 1{,}0158}{0{,}0498 \, . \, 0{,}0365} = 563.$$

Das ergibt für $p_1 = 11\,000$ kg/qm bezw. 809 mm Hg:

$$p_{min} = \frac{11\,000}{563} = 19{,}5 \text{ kg/qm, bezw. } \frac{809}{563} = 1{,}43 \text{ mm } Hg.$$

Würde man in Fig. 24 a den Ausgleichkanal nach der gestrichelten Linie ausführen, dann ist z nach Gleichung (20 g) zu berechnen. Danach ergibt sich, wenn man berücksichtigt, daß gleichzeitig $\alpha \, . \, v = 890$ ccm und $\alpha = 0{,}0237$ wird:

$$z = \frac{0{,}9945 \, . \, 1{,}0302}{0{,}0285 \, . \, 0{,}0602} = 597.$$

Somit ist:

$$p_{min} = \frac{11\,000}{597} = 18{,}4 \text{ kg/qm, bezw. } \frac{809}{597} = 1{,}35 \text{ mm } Hg,$$

also trotz des größeren α noch etwas günstiger als vorher.

Bei der Ausführung nach Fig. 25 ist nach Gleichung (20 g) zu rechnen; es ergibt sich:

$$z = \frac{1{,}025 \, . \, 1{,}044}{0{,}056 \, . \, 0{,}071} = 270. \qquad (20\,g)$$

Daraus:

$$p_{min} = \frac{11\,000}{270} = 40{,}8 \text{ kg/qm, bezw. } \frac{809}{270} = 3 \text{ mm } Hg.$$

Diese tunlichst auf gleichen Unterlagen durchgeführte Rechnung zeigt, daß es viel wichtiger ist, den schädlichen Zylinderraum — σ — klein zu machen, als auf einen kurzen Ausgleichkanal — kleines α — hinzuarbeiten.

Es ist noch zu erwähnen, daß die Konstruktion nach Fig. 24 einen extremen Fall darstellt. Es bietet Schwierigkeiten, den Ausgleichkanal mit dem berechneten kleinen Querschnitt in der erforderlichen Länge zu gießen; man könnte ihn gegebenenfalls durch nachträglich ausgeführte zylindrische Bohrungen von insgesamt dem gleichen Querschnitt ersetzen. Ein zweiter Nachteil ist das genaue Aufschaben eines so großen Schiebers. Da ein Verziehen infolge Erwärmung durch die komprimierte Luft während des Betriebes eintritt, ist ein mehrmaliges Nacharbeiten in betriebswarmem Zustande erforderlich. Es empfiehlt sich deshalb, die Schieberkonstruktion zwischen Fig. 24 und 25 vermittelnd auszuführen.

Das Bestreben, gleichzeitig ein kleines σ und α zu erzielen, führt zu Konstruktionen mit kurzem Hub und großem Zylinderdurchmesser. Da von den Firmen, welche Vakuumpumpen ausführen, die gleichen Maschinenrahmen und Gestänge in der Regel auch für kleine Dampfmaschinen und

Kompressoren benutzt werden, so wird durch einen großen Luftzylinderdurchmesser gleichzeitig auch eine gute Ausnutzung dieser Teile herbeigeführt.

Ausführung und Berechnung sämtlicher übrigen Teile der Vakuumpumpen erfolgt wie bei Dampfmaschinen. Deshalb braucht nicht näher darauf eingegangen zu werden. Nur ist es zweckmäßig, die Flächenpressungen in den Zapfen und Lagern mit Rücksicht auf die ungünstigen Druckwechsel in den Totpunkten wesentlich geringer zu wählen als bei Dampfmaschinen üblich. Folgende Werte sind für Vakuumpumpen zu empfehlen:

Flächenpressung in den Wellenlagern	8—10	kg/qcm.
„ im Kurbelzapfen	30—35	„
„ „ Kreuzkopfzapfen	45—55	„

8. Kapitel.

Kraftbedarf der Schieberluftpumpe mit Druckausgleich.

A. Theoretischer Arbeitsbedarf.

Es werde bezeichnet mit:

p die absolute Saugspannung in kg/qm,
p_1 „ „ Druckspannung in kg/qm,
w das tatsächlich angesaugte Volumen von der Spannung p in cbm,
n der Exponent der adiabatischen oder polytropischen Kompressionslinie.

Dann ist die zum Komprimieren und Fortdrücken des betreffenden Gases erforderliche Arbeit:

$$L' = p \cdot w \cdot \frac{n}{n-1} \cdot \left[\left(\frac{p_1}{p}\right)^{\frac{n-1}{n}} - 1\right] \text{ mkg.}$$

1 cbm erfordert:

$$L = p \cdot \frac{n}{n-1} \cdot \left[\left(\frac{p_1}{p}\right)^{\frac{n-1}{n}} - 1\right] \text{ mkg.} \qquad (26)$$

Die Untersuchung des Einflusses von n auf L ist von Interesse. Bei rein adiabatischer Kompression von Luft ist zu setzen:

$$n = \varkappa = 1{,}41.$$

Die Kondensationsluftpumpe hat ein Gemisch von Luft und trocken gesättigtem Dampf anzusaugen. Der letztere wird im Verlaufe der Kompression überhitzt. In diesem Falle ist zu setzen:*)

$$n = \frac{c'_p + m \,.\, c''_p}{c'_v + m \,.\, c''_v}.$$

*) Zeuner, Die Thermodynamik Teil II, S. 328, Gleichung 45.

Mit:

$$\left.\begin{array}{l} c'_p = 0{,}2375 \\ c'_v = 0{,}1685 \end{array}\right\} \text{Luft,} \qquad \left.\begin{array}{l} c''_p = 0{,}4805 \\ c''_v = 0{,}3695 \end{array}\right\} \text{Wasserdampf,}$$

$$m = \frac{\text{Dampfgewicht}}{\text{Luftgewicht}}.$$

Nach dieser Formel sind für verschiedene Werte m die entsprechenden Exponenten n berechnet und in Fig. 28 in Abhängigkeit von m als Kurve aufgetragen. Die Rechnung ergibt für:

$m =$	0	0,1	0,2	0,4	0,6	0,8	1	5	10	20	100
$n =$	1,41	1,387	1,374	1,357	1,347	1,341	1,333	1,31	1,302	1,3	1,3.

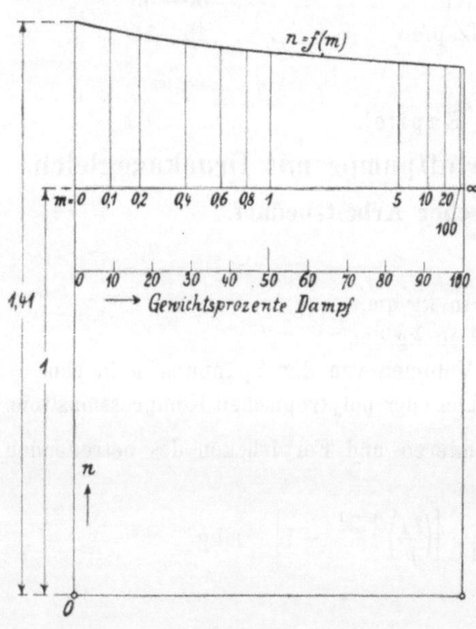

Fig. 28.

n ist also auf die verhältnismäßig engen Grenzen zwischen 1,41 und 1,3 beschränkt. Eine Verkleinerung von n gegenüber diesen Werten tritt durch den Einfluß der Mantel- und Deckelkühlung ein.

Zunächst soll untersucht werden, welchen Einfluß bei rein adiabatischer Kompression die Zusammensetzung des von einer Kondensationsluftpumpe angesaugten Gemisches von Luft und Wasserdampf auf den indizierten Arbeitsbedarf hat. Um gleichzeitig die Abhängigkeit des Arbeitsbedarfes L von der Saugspannung p als Kurve zu erhalten, ist das im folgenden beschriebene zeichnerische Verfahren angewandt.

Setzt man in Gleichung (26):

$$p_1^{\frac{n-1}{n}} = c,$$

$$\frac{n-1}{n} = a,$$

und ferner:

$$\frac{p_1^{\frac{n-1}{n}}}{p^a} = y,$$

so stellt die Gleichung:

$$c = y \cdot p^a$$

gewissermaßen eine Polytrope mit den Veränderlichen p und y und dem Exponenten $a = \frac{n-1}{n}$ dar. Sie läßt sich am bequemsten nach dem von Brauer angegebenen Verfahren konstruieren.*) Unter Benutzung dieses Verfahrens ist in Fig. 29 der Wert L für die 3 Exponenten:

$$1.\ n_1 = 1{,}3, \qquad 2.\ n_2 = 1{,}35, \qquad 3.\ n_3 = 1{,}41$$

als Funktion von p konstruktiv ermittelt. p_1 ist dabei konstant $= 11\,000$ kg/qm zugrunde gelegt.

Hiermit ist für die 3 verschiedenen Werte n:

$$1.\ L_1 = p \cdot 4{,}33 \cdot \left[\frac{11000^{\,0{,}231}}{p^{\,0{,}231}} - 1\right],$$

$$2.\ L_2 = p \cdot 3{,}86 \cdot \left[\frac{11000^{\,0{,}259}}{p^{\,0{,}259}} - 1\right],$$

$$3.\ L_3 = p \cdot 3{,}44 \cdot \left[\frac{11000^{\,0{,}291}}{p^{\,0{,}291}} - 1\right].$$

Wählt man (Fig. 29) den nach dem Brauerschen Verfahren an die Abszissenachse OX anzutragenden Konstruktionswinkel ν in allen 3 Fällen zu 45^0 ($tg\,\nu = 1$), so berechnet sich der andere Winkel μ aus:

$$(1 + tg\,\mu) = (1 + tg\,\nu)^a$$

zu:

$$1.\ \mu_1 = 9^0\,51' \ldots\ldots (tg\,\mu_1 = 0{,}1736),$$

$$2.\ \mu_2 = 11^0\,8' \ldots\ldots (tg\,\mu_2 = 0{,}1967),$$

$$3.\ \mu_3 = 12^0\,36' \ldots\ldots (tg\,\mu_3 = 0{,}2235).$$

Die 3 zunächst gesuchten Kurven $c = y\,.\,p^a$ haben einen gemeinsamen Punkt. Da $c = p_1{}^a$ ist, so wird für $p = p_1$ unabhängig vom Exponenten a:

$$y = 1.$$

Damit ist der gemeinsame Punkt A mit den Koordinaten p_1 und 1 gegeben; von hier aus sind die Kurven:

$$c_1 = f(p) \ldots. (n = 1{,}3), \quad c_2 = f(p) \ldots. (n = 1{,}35), \quad c_3 = f(p) \ldots. (n = 1{,}41)$$

konstruiert.

Legt man parallel zu OX eine zweite X-Achse durch den Pol O_1 im Abstande 1 von OX, so stellen die von O_1X_1 aus gemessenen Ordinaten der c-Kurven direkt den Klammerwert

$$\left[\left(\frac{p_1}{p}\right)^a - 1\right]$$

dar.

---

*) Z. d. V. d. Ing. 1885, S. 433 und 434.

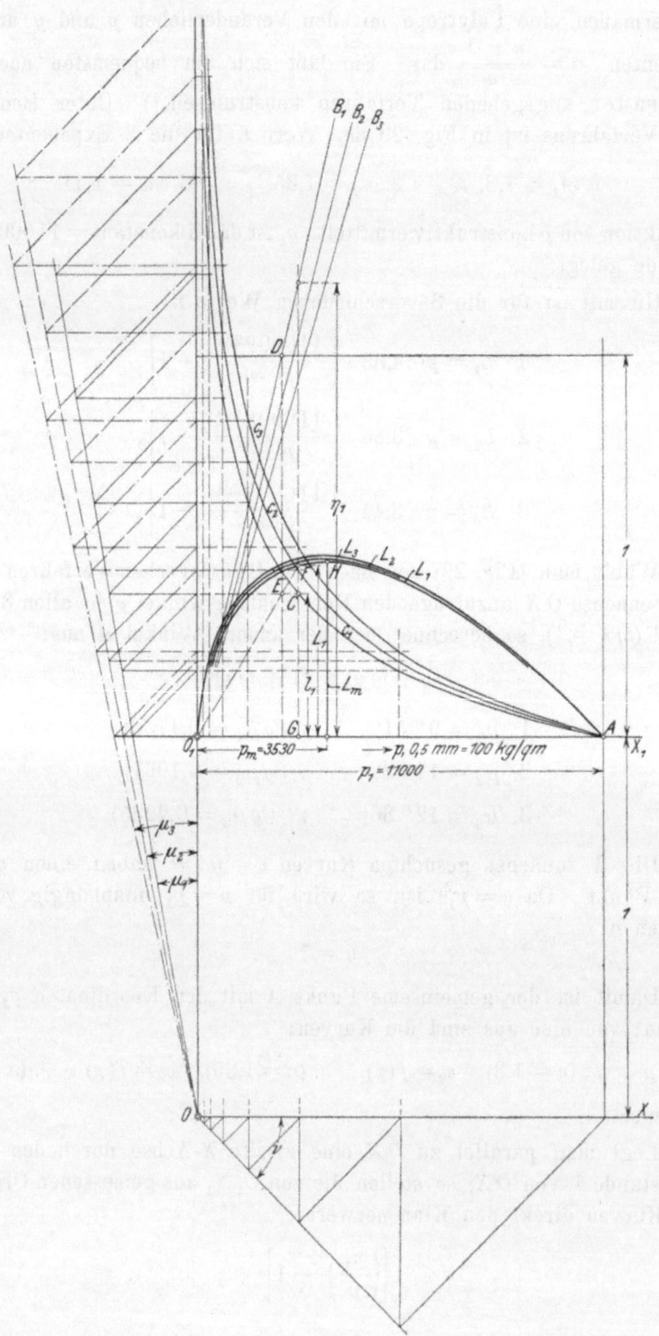

B_1 B_2 B_3
D
G_3
G_2
η_1
L_3 L_2 L_1
H
E
C
G_1
L_1
l_1
L_m
G
O_1
$p_m = 3530$
p, 0,5 mm = 100 kg/qm
$p_1 = 11000$
A
X_1
1
1
μ_3
μ_2
μ_1
O
X

Fig. 29.

Diese sind, um $L = f(p)$ nach Gleichung (26) zu erhalten, mit $p \cdot \frac{n}{n-1}$ zu multiplizieren. Man ziehe von O_1 die drei Strahlen

$$O_1 B_1, \qquad O_1 B_2, \qquad O_1 B_3$$

so, daß deren Ordinaten

$$\eta_1, \qquad \eta_2, \qquad \eta_3$$

den Wert $p \cdot \frac{n}{n-1}$ darstellen für:

$$n_1 = 1{,}3, \qquad n_2 = 1{,}35, \qquad n_3 = 1{,}41.$$

Um für den Punkt C der c_1-Kurve den zugehörigen Wert L_1 zu erhalten, lege man durch den Punkt D des Strahles $O_1 B_1$ mit der Ordinate 1 eine Vertikale und durch den Punkt C eine Horizontale; beide schneiden einander in E. Dann ziehe man den Strahl $O_1 E$; er schneidet die verlängerte Ordinate des Punktes C in F. FG ist der gesuchte Wert L_1. Denn mit den Bezeichnungen der Figur ist:

$$\frac{L_1}{\eta_1} = \frac{l_1}{1},$$

$$L_1 = \eta_1 \,.\, l_1 = p \cdot \frac{n_1}{n_1 - 1} \cdot \left[\left(\frac{p_1}{p}\right)^{\frac{n_1-1}{n_1}} - 1\right].$$

Der Maßstab für L_1 ergibt sich wie folgt:

In Fig. 29 ist zur Darstellung der Zahl „1“, welche einmal im Zähler, einmal im Nenner vorkommt, jedesmal der gleiche Wert

$$1 = 50 \text{ mm}$$

gewählt; er hat daher keinen Einfluß auf den Maßstab von L. Dieser ist nur von dem Maßstab der Ordinaten η abhängig. Da hierfür in Fig. 29 ebenso wie für p der Maßstab:

$$1 \text{ mm} = 200 \text{ kg/qm}$$

gewählt ist, so ist auch der Ordinatenmaßstab von L_1:

$$1 \text{ mm} = 200 \text{ mkg}.$$

In der beschriebenen Weise sind in Fig. 29 für

$$n_1 = 1{,}3, \qquad n_2 = 1{,}35, \qquad n_3 = 1{,}41$$

die Arbeitskurven

$$L_1 = f(p), \qquad L_2 = f(p), \qquad L_3 = f(p)$$

punktweise konstruiert. Sie weichen nur sehr wenig voneinander ab; hieraus folgt, daß der Kraftbedarf der trockenen Luftpumpe durch den Wasserdampfgehalt nur wenig beeinflußt wird. Da außer diesem auch die Mantel- und Deckelkühlung auf eine Verkleinerung von n hinwirkt, so ist es zulässig, für praktische Rechnungen den Exponenten n mit 1,3 einzusetzen.

Weiß*) legt zur Ermittelung der Kompressionsarbeit der trockenen Luftpumpe der Einfachheit wegen als Kompressionslinie die Isotherme zugrunde. Dadurch werden alle Ableitungen vereinfacht. Andrerseits ist aber auch die Bestimmung des Arbeitsbedarfs nach dem vorstehend angegebenen Verfahren recht bequem und entspricht besser den tatsächlichen Verhältnissen. Weiß berechnet das Maximum der Kompressionsarbeit zu

3700 mkg pro Kubikmeter Saugvolumen

und die zugehörige Saugspannung zu

0,37 Atm.

Er legt dabei einen Kompressionsdruck von 1 Atm. zugrunde.

Rechnet man dagegen mit polytropischer Kompression, so ergeben sich diese Werte unter Benutzung der früheren Abkürzungen, sowie der weiteren Bezeichnungen:

$$\frac{n}{n-1} = b,$$

$$b \,.\, c = e.$$

Hiermit wird Gleichung (26):

$$L = p \cdot b \cdot \left[\frac{c}{p^a} - 1\right] = e \,.\, p^{1-a} - b \,.\, p = e \,.\, p^{\frac{1}{n}} - b \,.\, p, \qquad (26\,\text{a})$$

$$\frac{dL}{dp} = 0 = \frac{e}{n} \cdot p^{\frac{1-n}{n}} - b,$$

$$p^{\frac{1-n}{n}} = \frac{n \,.\, b}{e} = \frac{n}{c}.$$

Nach Wiedereinsetzen von:

$$c = p_1^{\frac{n-1}{n}}$$

ist:

$$p_m = \frac{p_1}{n^{\frac{n}{n-1}}} \qquad (27)$$

der absolute Druck, bei welchem L zum Maximum wird. Der zugehörige Wert L_m ergibt sich aus Gleichung (26 a) zu:

$$L_m = e \cdot \left[\frac{p_1}{n^{\frac{n}{n-1}}}\right]^{\frac{1}{n}} - b \cdot \frac{p_1}{n^{\frac{n}{n-1}}},$$

$$= b \cdot c \cdot \frac{p_1^{\frac{1}{n}}}{n^{\frac{1}{n-1}}} - b \cdot \frac{p_1}{n^{\frac{n}{n-1}}}.$$

*) Weiß, Kondensation, S. 112 ff.

Durch Wiedereinsetzen der Werte von b und c erhält man:

$$L_m = \frac{n}{n-1} \cdot \left[\frac{p_1^{\frac{n-1}{n}} \cdot p_1^{\frac{1}{n}}}{n^{\frac{1}{n-1}}} - \frac{p_1}{n^{\frac{n}{n-1}}} \right],$$

$$L_m = p_1 \cdot \frac{n}{n-1} \cdot \left[\frac{1}{n^{\frac{1}{n-1}}} - \frac{1}{n^{\frac{n}{n-1}}} \right]. \qquad (28)$$

Mit $n = 1{,}3$ und $p_1 = 11000$ kg/qm ergibt sich aus Gleichung (27):

$$p_m = 3530 \text{ kg/qm},$$

aus Gleichung (28):

$$L_m = 4587 \text{ mkg}.$$

Während der erstere Wert von dem von Weiß berechneten nicht wesentlich abweicht, ist der letztere bedeutend höher, wozu allerdings auch der Umstand beiträgt, daß p_1 hier $= 11000$ kg/qm, bei Weiß $p_1 = 10000$ angenommen ist.

L_m und p_m in Fig. 29 eingetragen, ergeben Punkt H, welcher genau auf die bereits vorher gezeichnete Kurve L_1 fällt, ein Beweis für die Genauigkeit des angewandten zeichnerischen Verfahrens. Zur ferneren Kontrolle der Zeichnung sind in der Zahlentafel 11 noch mehrere Werte L für

$$n_1 = 1{,}3, \qquad n_2 = 1{,}35, \qquad n_3 = 1{,}41$$

berechnet und ergeben, in die Kurven L_1, L_2, L_3 eingetragen, genaue Übereinstimmung von Rechnung und Zeichnung.

B. Wirklicher indizierter Kraftbedarf der trockenen Luftpumpe.

Die Ermittlung des Kraftbedarfs könnte durch Aufzeichnung der Diagramme für verschiedene Saugspannungen entsprechend Fig. 20 erfolgen. Fig. 20 ist verzerrt aufgezeichnet, um die Arbeitsweise der Pumpe in allen Phasen zum Ausdruck zu bringen. Bei dem wirklichen Vakuumpumpendiagramm fehlen die auffallenden Spitzen, welche Fig. 20 an den Hubenden zeigt, fast ganz, wie aus den Indikatordiagrammen Fig. 30a und 30b zu ersehen ist. Man macht daher keinen merklichen Fehler, wenn man bei der Berechnung des Diagramminhaltes annimmt, daß sich sämtliche Vorgänge vom Abschluß des Schieberdruckkanals auf der einen Zylinderseite an bis zu seiner Eröffnung auf der anderen Zylinderseite im Totpunkt vollziehen. Man erhält dann das in Fig. 31 dargestellte einfachere Diagramm. Bezeichnet wie früher:

$v \cdot \sigma$ den Inhalt des schädlichen Raumes,
$v \cdot \alpha$ „ „ „ Ausgleichkanales, ferner
$v \cdot \delta$ „ „ „ Druckkanales zwischen Schieber und Rückschlagventil,

und legt man ferner die Bezeichnungen der Fig. 31 zugrunde, so erhält man folgende Beziehungen beim Druckausgleich und dem Eröffnen des Druckkanales unter Voraussetzung einer Schieberkonstruktion nach Fig. 18 g.

1. Druckausgleich zwischen:

Volumen $v\,.\,(\alpha+\sigma)$ vom Druck p_1 auf der einen Kolbenseite und
„ $v\,.\,(1+\sigma)$ „ „ p „ „ anderen Kolbenseite.

Die Ausgleichspannung p' ergibt sich aus der Beziehung:

$$p_1\,.\,v\,.\,(\alpha+\sigma)+p\,.\,v\,.\,(1+\sigma)=p'\,.\,v\,.\,(1+\alpha+2\sigma),$$

$$p'=\frac{p_1\,.\,(\alpha+\sigma)+p\,.\,(1+\sigma)}{1+\alpha+2\sigma}=A+B\,.\,p.$$

Hierbei ist:

$$A=p_1\cdot\frac{\alpha+\sigma}{1+\alpha+2\sigma}\quad\text{und}\quad B=\frac{1+\sigma}{1+\alpha+2\sigma}.$$

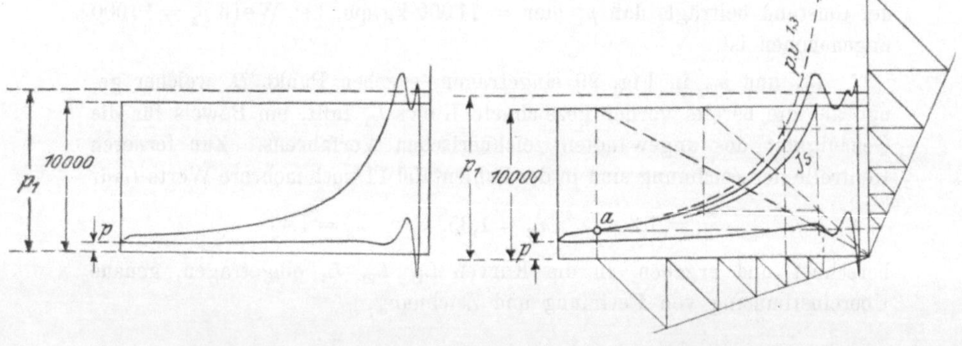

Fig. 30 a. Fig. 30 b.

2. Druckausgleich zwischen:

Volumen $v\,.\,(1+\alpha+\sigma)$ vom Druck p' und
„ $v\,.\,\delta$ vom Druck p_1.

Der Ausgleichkanal steht nur am Anfang und Schluß der Druckperiode mit der Kolbenseite, auf der die Kompression erfolgt, in Verbindung. Der Einfachheit wegen soll angenommen werden, daß die Verbindung während der ganzen Druckperiode, also auch während des Ausgleichs mit $\delta\,.\,v$, besteht.

Die Ausgleichspannung p_4 ergibt sich aus der Beziehung:

$$p_1\,.\,v\,.\,\delta+p'\,.\,v\,.\,(1+\alpha+\sigma)=p_4\,.\,v\,.\,(1+\alpha+\delta+\sigma),$$

$$p_4=\frac{p_1\,.\,\delta+p'\,.(1+\alpha+\sigma)}{1+\alpha+\delta+\sigma}=C+D\,.\,p'.$$

Hierbei ist:

$$C=p_1\cdot\frac{\delta}{1+\alpha+\delta+\sigma}\quad\text{und}\quad D=\frac{1+\alpha+\sigma}{1+\alpha+\delta+\sigma},$$

oder mit:

$$p' = A + B \, . \, p,$$

$$p_4 = C + A\,D + B\,D \, . \, p,$$

$$p_4 = E + F \, . \, p. \tag{29}$$

In Gleichung (29) ist:

$$E = C + A\,D = \frac{p_1}{1 + \alpha + \delta + \sigma} \cdot \left[\delta + \frac{(\alpha + \sigma) \, . \, (1 + \alpha + \sigma)}{1 + \alpha + 2\,\sigma}\right] \tag{30}$$

und:

$$F = B\,D = \frac{(1 + \sigma) \, . \, (1 + \alpha + \sigma)}{(1 + \alpha + 2\,o) \, . \, (1 + \alpha + \delta + \sigma)}. \tag{31}$$

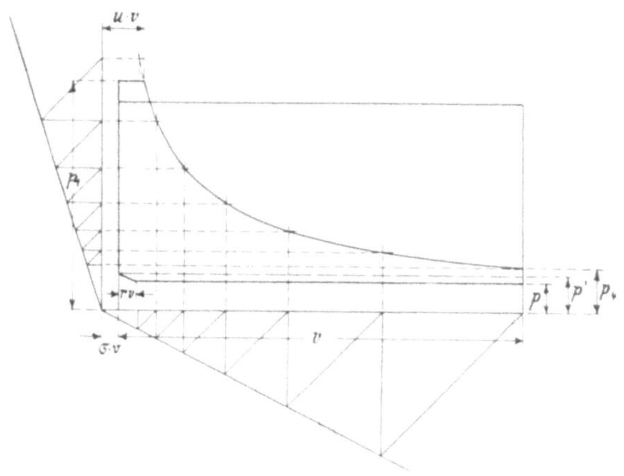

Fig. 31.

Der Diagramminhalt (Fig. 31) setzt sich zusammen aus:

1. L_1 = Kompressionsarbeit des Volumens $v \, . \, (1 + \alpha + \delta + \sigma)$ von p_4 auf p_1.
2. L_2 = Arbeit für das Fortdrücken des Volumens $v \, . \, u$ vom Druck p_1.
3. L_3 = Expansionsarbeit des Volumens $v \, . \, \sigma$ vom Druck p' auf p.
4. L_4 = Ansaugearbeit des Volumens $v \, . \, (1 - r)$ vom Druck p.

Der Diagramminhalt ist:

$$L' = |L_1| + |L_2| - |L_3| - |L_4|. \tag{32}$$

1. Kompressionsarbeit L_1.

	Anfang	Ende
Druck	p_4	p_1
Volumen	$v \, . \, (1 + \alpha + \delta + \sigma)$	$v \, . \, (\alpha + \delta + \sigma + u)$

$$|L_1| = \frac{p_4 \, . \, v \, . \, (1 + \alpha + \delta + \sigma)}{n - 1} \cdot \left[\left(\frac{p_1}{p_4}\right)^{\frac{n-1}{n}} - 1\right]. \tag{33}$$

2. Fortdrückarbeit L_2.

Das Volumen $v \, . \, (1 + \alpha + \delta + \sigma)$ geht bei der Kompression von p_4 auf p_1 über in $v \, . \, (\alpha + \delta + \sigma + u)$. Bei der angenommenen polytropischen Kompression ist:

$$p_4 \cdot [v \cdot (1 + \alpha + \delta + \sigma)]^n = p_1 \cdot [v \cdot (\alpha + \delta + \sigma + u)]^n,$$

$$u = \left(\frac{p_4}{p_1}\right)^{\frac{1}{n}} \cdot (1 + \alpha + \delta + \sigma) - (\alpha + \delta + \sigma) \tag{34}$$

(für $p_4 = p_1$ wird $u = 1$).

Die Fortdrückarbeit ergibt sich nach Berechnung von u zu:

$$|L_2| = p_1 \cdot v \cdot u. \tag{35}$$

3. Rückexpansionsarbeit L_3.

Bei Berechnung des volumetrischen Wirkungsgrades ist bereits darauf hingewiesen, daß sich praktisch richtige Werte ergeben, wenn man isothermischen Verlauf der Rückexpansionslinie zugrunde legt. Das soll deshalb auch bei der Berechnung von L_3 geschehen. Dem Kolbenweg während der Rückexpansion entspreche das Hubvolumen $v \cdot r$.

Das Volumen $v \cdot \sigma$ vom Druck p' expandiert auf $v \cdot (r + \sigma)$ vom Druck p.

Isothermische Expansion angenommen, ist:

$$p' \cdot v \cdot \sigma = p \cdot v \cdot (r + \sigma),$$

$$r = \sigma \cdot \left(\frac{p'}{p} - 1\right),$$

$$|L_3| = p \cdot v \cdot (r + \sigma) \cdot ln\left(\frac{p'}{p}\right) = p' \cdot v \cdot \sigma \cdot ln\left(\frac{p'}{p}\right). \tag{36}$$

4. Ansaugearbeit L_4.

$$|L_4| = p \cdot v \cdot (1 - r). \tag{37}$$

Die für ein Kolbenhubvolumen von v cbm zu leistende indizierte Arbeit ist nach Gleichung (32):

$$L' = |L_1| + |L_2| - |L_3| - |L_4|.$$

Für ein Hubvolumen von 1 cbm beträgt die Arbeit $L = \frac{L'}{v}$:

$$L = p_4 \cdot \frac{(1 + \alpha + \delta + \sigma)}{n - 1} \cdot \left[\left(\frac{p_1}{p_4}\right)^{\frac{n-1}{n}} - 1\right] + p_1 \cdot u - p' \cdot \sigma \cdot ln\left(\frac{p'}{p}\right) - p \cdot (1 - r). \tag{38}$$

Eine Vereinfachung dieser Gleichung ergibt sich auf Grund der später folgenden Rechnungsbeispiele.

Einfluß des Druckausgleichs auf den Arbeitsbedarf.

Bei einer Vakuumpumpe ohne Druckausgleich leistet die Luft, welche bei Kolben-Totpunktstellung den schädlichen Raum anfüllt, Rückexpansionsarbeit. Gleichen Charakter der Kompressions- und Rückexpansionslinie vorausgesetzt, ist in diesem Falle der indizierte Arbeitsbedarf pro Kubikmeter effektive Saugleistung (unter Berücksichtigung des volumetrischen Wirkungsgrades) ebenso groß wie der theoretische. Durch den Druckausgleich wird zwar einerseits bei niedrigen Saugspannungen der volumetrische Wirkungsgrad bedeutend vergrößert, andrerseits aber auch der Arbeitsbedarf pro Kubikmeter effektive Saugleistung erhöht.*) Bei dem meist geringen Energieaufwand für den Betrieb der Vakuumpumpe nimmt man die Erhöhung des Arbeitsbedarfs für die Vergrößerung der volumetrischen Leistung in Kauf. Durch mehrstufige Kompression kann man einen hohen volumetrischen Wirkungsgrad auch ohne Druckausgleich erreichen. Es ist jedoch wahrscheinlich, daß hierbei — wenigstens bei kleinen Leistungen — die theoretische Arbeitsersparnis durch die vermehrten mechanischen Widerstände wieder ausgeglichen wird. Im Gegensatz hierzu mag an dieser Stelle erwähnt werden, daß bei Kompressoren, welche Luft von atmosphärischer Spannung ansaugen und auf einen höheren Druck pressen, der Druckausgleich nicht mehr ausgeführt wird. Man zieht hier die durch Wiedergewinnung der Rückexpansionsarbeit tatsächlich erzielte Arbeitsersparnis der durch den Druckausgleich ermöglichten Erhöhung der volumetrischen Leistung vor.

Einfluß des Druckkanalinhaltes auf den Arbeitsbedarf.

Je größer der Inhalt des Schieber- bezw. Zylinderdruckkanales ($v \,.\, \delta$) ist, um so größer ist die Spannungserhöhung $p_4 - p'$ zu Beginn des Druckhubes. Hiermit wächst auch der Diagramminhalt. Man soll daher den Druckkanal konstruktiv möglichst klein gestalten, doch so, daß keine unzulässig hohen Strömungswiderstände bei dem Überdrücken des Volumens $v \,.\, u$ entstehen. Der Einfluß von δ auf den Diagramminhalt ist aus der Zahlentafel 12 zu ersehen. In dieser ist unter sonst gleichen Verhältnissen ($p_1 = 11\,000$ kg/qm; $\alpha = 0{,}01$; $\sigma = 0{,}03$) der Wert L nach Gleichung (38) für $\delta = 0$ und $\delta = 0{,}04$ berechnet, in Spalte 1 und 2 für die Saugspannung $p = 500$ kg/qm, in Spalte 3 und 4 für $p = 1000$ kg/qm.

Die Zahlentafel 12 zeigt, daß der schädliche Einfluß des Druckkanalinhaltes auf den Arbeitsbedarf ganz beträchtlich ist. Er ist wesentlich größer als der Einfluß, den der Wasserdampfgehalt des angesaugten Gemisches sowie die Mantelkühlung durch Verkleinerung des Exponenten n auf L ausübt.

Ferner sieht man, daß die während des Saughubes geleistete Arbeit ($L_3 + L_4$) nahezu gleich $p \,.\, v$ ist. Es ist:

für p	500	1000 kg/qm,
$p \,.\, v$	500	1000 mkg,
$L_3 + L_4$ aus Zahlentafel 12 . .	504	1002 „
also nur	0,8	0,2 %

größer als die Näherungsrechnung ergibt. An Stelle der Gleichung (38) kann daher ohne merklichen Fehler gesetzt werden:

*) S. z. B. Köster, Z. d. V. d. Ing. 1895, S. 1088.

$$L_a = p_4 \cdot \frac{1+\alpha+\delta+\sigma}{n-1} \cdot \left[\left(\frac{p_1}{p_4}\right)^{\frac{n-1}{n}} - 1\right] + p_1 \,.\, u - p \,.\, 1. \quad (39)$$

Einfluß des Ausgleichkanalinhaltes auf den Arbeitsbedarf.

Der Arbeitsbedarf wächst auch mit Zunahme des Ausgleichkanalinhaltes wesentlich, wie sich in gleicher Weise wie für den Druckkanal durch Rechnung leicht feststellen läßt. Da er jedoch an und für sich nicht groß (meist kleiner als 1 %) ist, fällt sein Einfluß auf den Arbeitsbedarf nicht in gleichem Maße ins Gewicht. Indes soll man bei der konstruktiven Ausführung seinen Querschnitt nicht größer machen, als zwecks Erreichung eines möglichst vollkommenen Ausgleichs nötig ist.

Was schließlich noch den Einfluß des schädlichen Zylinderraumes auf den Arbeitsbedarf anbetrifft, so braucht kaum darauf hingewiesen zu werden, daß er den Hauptanteil an der Erhöhung des tatsächlichen Arbeitsbedarfs gegenüber dem theoretischen bedingt. Er ist die Ursache für die Ausführung des Ausgleichs, welcher einerseits die Erhöhung der Spannung zu Anfang der Kompression von p auf p', andrerseits den Verlust der Rückexpansionsarbeit zur Folge hat.

9. Kapitel.

Zeichnerische Ermittelung des Arbeitsbedarfes der Schieberluftpumpe mit Druckausgleich.

Der Arbeitsbedarf L_a der Vakuumpumpe entsprechend Gleichung (39) läßt sich leicht konstruktiv ermitteln. In Fig. 32 sind auf der Achse OX die veränderlichen Werte p von $p = 0$ bis $p = p_1$ aufgetragen. Nach Gleichung (29) wird:

$$p_4 = E + F \,.\, p$$

als Funktion von p durch eine Gerade dargestellt. Ihr Schnitt mit der X-Achse ergibt die Abszisse:

$$p = -\frac{E}{F}$$

für $p_4 = 0$. Dadurch ist der Punkt b bestimmt. Für:

$$p = p_1$$

wird auch:

$$p_4 = p_1.$$

Dadurch ist der zweite Punkt c der Geraden $p_4 = E + F \,.\, p$ festgelegt. Wenn man in Gleichung (29) die durch Gleichung (30) und (31) gegebenen Werte E und F einsetzt, erhält man nämlich für $p = p_1$:

$$p_4 = p_1 \cdot \left\{\frac{1}{1+\alpha+\delta+\sigma} \cdot \left[\delta + \frac{(\alpha+\sigma)\,.\,(1+\alpha+\sigma)}{1+\alpha+2\sigma}\right] + \right.$$
$$\left. + \frac{(1+\sigma)\,.\,(1+\alpha+\sigma)}{(1+\alpha+2\sigma)\,.\,(1+\alpha+\delta+\sigma)}\right\},$$

$$p_4 = p_1 \cdot \frac{1}{1+\alpha+\delta+\sigma} \cdot$$
$$\cdot \left[\frac{\delta.(1+\alpha+2\sigma)+\alpha+\alpha^2+\alpha\sigma+\sigma+\alpha\sigma+\sigma^2+1+\alpha+\sigma+\sigma+\alpha\sigma+\sigma^2}{1+\alpha+2\sigma}\right],$$

$$p_4 = \frac{p_1}{1+\alpha+\delta+\sigma} \cdot$$
$$\cdot \frac{1+\alpha+2\sigma+\alpha.(1+\alpha+2\sigma)+\delta.(1+\alpha+2\sigma)+\sigma.(1+\alpha+2\sigma)}{1+\alpha+2\sigma} = p_1.$$

Dieses Ergebnis war zu erwarten, denn wenn Saug- und Druckspannung einander gleich sind, müssen auch sämtliche zwischenliegende Drücke den gleichen Wert haben; alle Diagrammlinien fallen dann — allerdings nur theoretisch — in einer Geraden im Abstande p_1 parallel zur X-Achse zusammen.

Ferner ist für $p = 0$ die Ordinate, in welcher die Gerade $p_4 = f(p)$ die Y-Achse schneidet:

$$p_4 = E.$$

Nunmehr ist in dem linken oberen Quadranten des Ordinatensystems die Konstruktion des Wertes:

$$\eta = \left[\left(\frac{p_1}{p_4}\right)^{\frac{n-1}{n}} - 1\right]$$

als Funktion von p_4 ausgeführt unter Berücksichtigung des Umstandes, daß für $p_4 = p_1$ der Wert $\eta = 0$ wird. Dabei ist das gleiche Verfahren wie in Fig. 29 benutzt. Als Funktion von p erhält man η durch Projektion der einzelnen Ordinaten η_1 auf dem Wege $d\,d'\,d''$. Bei der praktischen Anwendung des Verfahrens wird man es vorziehen, die Kurve

$$\eta = f(p)$$

direkt über $\overline{b\,a}$ mit b als Ordinaten-Anfangspunkt zu konstruieren.

Man lege nun durch den Punkt g der Geraden $\overline{b\,c}$ mit der Ordinate

$$l = \frac{n-1}{1+\alpha+\delta+\sigma}$$

eine Vertikale und durch den, einem beliebig angenommenen Druck $p = O\,i$ entsprechenden Punkt d'' auf der Kurve $\eta = f(p)$ eine Horizontale. Die beiden letztgezogenen Geraden schneiden sich in g'. Zieht man dann weiter den Strahl $b\,g'$ bis zu seinem Schnittpunkt h mit $\overline{d'\,d''}$, dann folgt mit den Bezeichnungen der Fig. 32:

$$\frac{L_1}{\eta_1} = \frac{p_4}{l},$$

$$L_1 = \frac{p_4}{l} \cdot \eta_1 = p_4 \cdot \frac{1+\alpha+\delta+\sigma}{n-1} \cdot \left[\left(\frac{p_1}{p_4}\right)^{\frac{n-1}{n}} - 1\right].$$

Die Strecke $L_1 = \overline{h\,i}$ stellt also das 1. Glied der Gleichung (39) dar.

Zur Bestimmung des 2. Gliedes der Gleichung (39)

$$L_2 = p_1 \cdot u$$

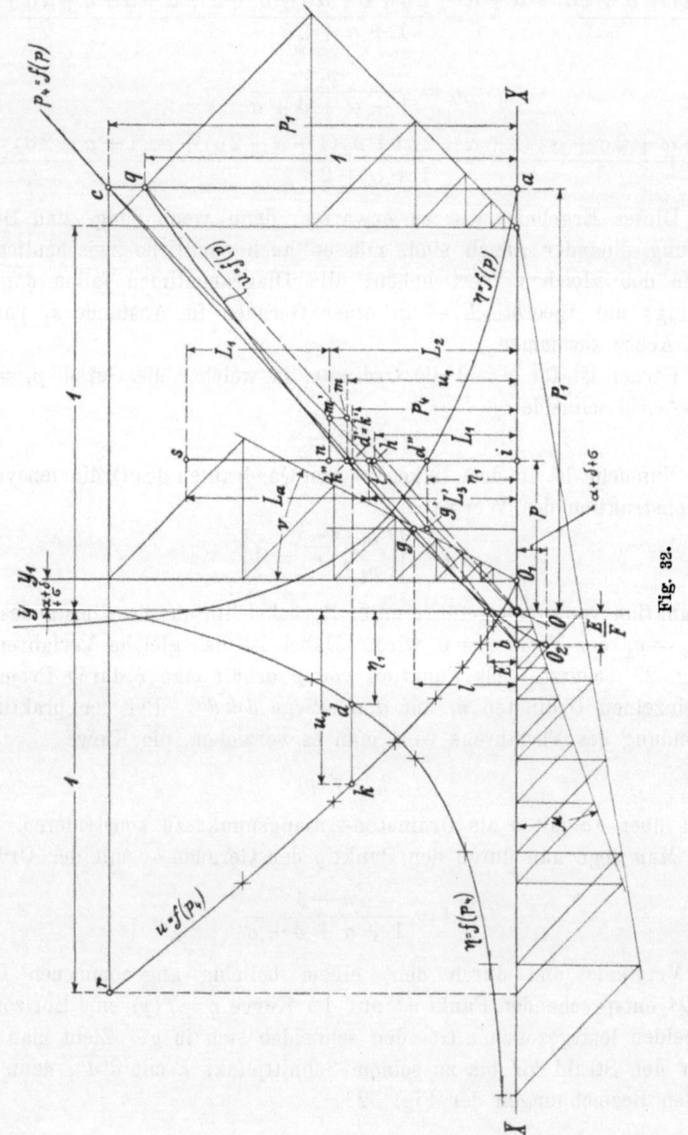

Fig. 32.

ist zunächst die Ermittlung von

$$u = (1 + \alpha + \delta + \sigma) \cdot \left(\frac{p_4}{p_1}\right)^{\frac{1}{n}} - (\alpha + \delta + \sigma) \qquad (34)$$

erforderlich. Sieht man von dem Subtrahenden $(\alpha + \delta + \sigma)$ ab, so liegt wieder die Funktion

$$C = y \cdot x^m$$

vor, nur ist jetzt m negativ, so daß sie sich in der Form:

$$y = C \cdot x^m$$

zeigt. Man kann in diesem Falle gleichfalls die Brauersche Konstruktion in sinngemäßer Abänderung verwenden. Aus der Nebenfigur 33 folgt mit den dortigen Bezeichnungen:

$$tg\,\nu = \frac{x_2 - x_1}{x_1}, \qquad tg\,\mu = \frac{y_2 - y_1}{y_1},$$

$$x_2 = x_1 \cdot (1 + tg\,\nu), \qquad y_2 = y_1 \cdot (1 + tg\,\mu).$$

Nun ist bei der darzustellenden Funktion:

$$\frac{y_1}{x_1{}^m} = \frac{y_2}{x_2{}^m} = C.$$

Ersetzt man x_2 und y_2 durch die vorstehend berechneten Werte, so ist:

$$\frac{y_1}{x_1{}^m} = \frac{y_1 \cdot (1 + tg\,\mu)}{x_1{}^m \cdot (1 + tg\,\nu)^m}.$$

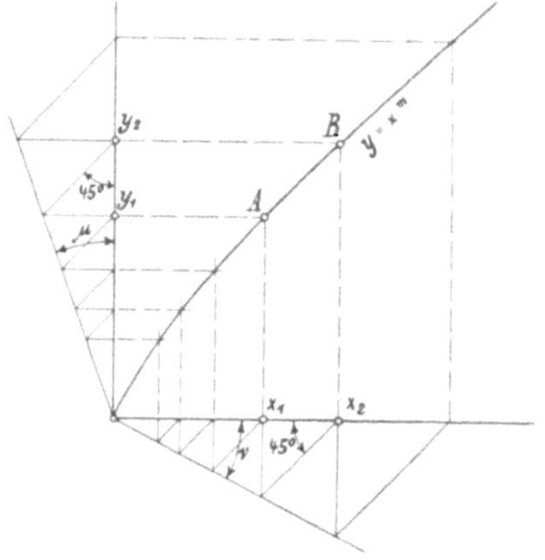

Fig. 33.

Um die gesuchte Funktion $y = C \cdot x^m$ zu erhalten, muß also genau wie bei der Brauerschen Konstruktion der Adiabate gemacht werden:

$$(1 + tg\,\mu) = (1 + tg\,\nu)^m.$$

Im vorliegenden Falle ist zu setzen:

$$m = \frac{1}{n} = \frac{1}{1{,}3} = 0{,}769,$$

$$C = \frac{1 + \alpha + \delta + \sigma}{p_1{}^m},$$

$$x = p_4,$$

$$y = \frac{1 + \alpha + \delta + \sigma}{p_1{}^m} \cdot p_4{}^m = C \cdot x^m.$$

[In der Fig. 32 ist gemacht: $tg\,\nu = 0{,}5$, woraus folgt:

$$(1 + 0{,}5)^{0{,}769} = (1 + tg\,\mu),$$

$$tg\,\mu = 0{,}3659.]$$

Um nun die Ordinaten u direkt als Funktion von p_4 — von der Ordinatenachse OY aus gemessen — im linken oberen Quadranten des Ordinatensystems abgreifen zu können, ist die Kurve:

$$y = \frac{1 + \alpha + \delta + \sigma}{p_1^m} \cdot p_4^m = C \cdot x^m$$

nicht vom Anfangspunkte O, sondern von einem um $\overline{OO_1} = \alpha + \delta + \sigma$ nach rechts verschobenen Anfangspunkt O_1 mit den Achsen:

$$O_1 Y_1 \text{ und } O_1(-X)$$

konstruiert. Für die Abszisse $p_4 = p_1$ ergibt sich die zugehörige Ordinate zu:

$$y = 1 + \alpha + \delta + \sigma.$$

Von dem hierdurch bestimmten Punkt r ausgehend, ist die Kurve $y = C \cdot x^m$ in der durch die Nebenfigur 33 angegebenen Weise konstruiert. Dann entspricht — von der Achse OY gemessen — die Abszisse u_1 der Bedingung:

$$u_1 = f(p_4) = (1 + \alpha + \delta + \sigma) \cdot \left(\frac{p_4}{p_1}\right)^{\frac{1}{n}} - (\alpha + \delta + \sigma).$$

Um u als Funktion von p zu erhalten, sind die einzelnen Punkte k der Kurve $u = f(p_4)$ auf dem Wege $k k' k''$ in den rechten Quadranten des Ordinatensystems hinüberprojiziert. Man erhält so die gesuchte Kurve:

$$u = f(p).$$

Es ist zweckmäßig, auch diese Kurve ohne den eingeschlagenen Umweg direkt zu konstruieren. Man muß dann vom Anfangspunkt O_2 ausgehen, indem man $\overline{bO_2} = \alpha + \delta + \sigma$ macht.

Um den Wert

$$L_2 = p_1 \cdot u$$

zu erhalten, ist die Multiplikation von u mit p_1 zeichnerisch durch die Hilfslinien

$$\overline{k''m}, \ \overline{mm'} \text{ und } \overline{m'n}$$

durchgeführt. $\overline{ni}$ stellt dann den Wert L_2 dar. Daraus, daß

$$\overline{aq} = 1, \ \overline{ac} = p_1$$

gemacht ist, folgt nämlich:

$$\frac{L_2}{n_1} = \frac{p_1}{1}.$$

Macht man dann weiter:

$$\overline{ns} = \overline{hi} = L_1,$$

so stellt $\overline{is}$ die negative Vorderdruckarbeit:

$$L_1 + L_2$$

dar. Die positive Hinterdruckarbeit ist nach Gleichung (39):

$$L_3' = p \cdot 1,$$

wird also durch die Gerade $\overline{Oc}$ dargestellt, da für

$$p = 0, \qquad p = p_1,$$
$$L_3' = 0, \qquad L_3' = p_1$$

wird. $\overline{si}$ wird von $\overline{Oc}$ im Punkte t geschnitten. Daher ist:

$$\overline{st} = L_1 + L_2 - L_3' = L_a$$

gemäß Gleichung (39) der indizierte Arbeitsbedarf pro Kubikmeter Hubvolumen der Vakuumpumpe bei der Saugspannung p. Um den Arbeitsbedarf pro Kubikmeter tatsächlich angesaugter Luft vom Drucke p zu erhalten, ist L_a noch durch den Liefergrad zu dividieren. Davon ist in Fig. 32 der Deutlichkeit wegen abgesehen.

Die vollständige Konstruktion der Arbeitskurven ist in Fig. 34 nach den in Fig. 32 angewendeten Verfahren durchgeführt. Dabei sind die gleichen Bezeichnungen wie in Fig. 32 beibehalten und für die einem Druck p entsprechenden Punkte auch alle Konstruktionslinien eingetragen.

Der Fig. 34 sind folgende, aus den Abmessungen des Luftzylinders (Fig. 25) berechnete Werte zugrunde gelegt:

$$\alpha = 0{,}01,$$
$$\delta = 0{,}04,$$
$$\sigma = 0{,}03,$$

ferner:

$$p_1 = 11\,000 \text{ kg/qm}.$$

Nach Gleichung (29) ist:

$$p_4 = E + F \, . \, p$$

mit

$$E = \frac{11\,000}{1{,}08} \cdot \left[0{,}04 + \frac{0{,}04 \, . \, 1{,}04}{1{,}07}\right] = 803{,}4, \tag{30}$$

und

$$F = \frac{1{,}03 \, . \, 1{,}04}{1{,}07 \, . \, 1{,}08} = 0{,}927 \tag{31}$$

wird:

$$p_4 = 803{,}4 + 0{,}927 \, . \, p.$$

Die drei Punkte, durch welche die Gerade

$$p_4 = f(p)$$

geht, finden sich zu:

a) Schnitt mit der X-Achse: $p_4 = 0 \; . \; . \; . \; . \; p = -\dfrac{803{,}4}{0{,}927} = -866{,}7$ (im Zeichenmaßstabe 5,20 mm).

b) Schnitt mit der Y-Achse: $p = 0 \; . \; . \; . \; . \; p_4 = E = 803{,}4$ (4,82 mm).

c) Ferner wird für $p = p_1 \; . \; . \; . \; . \; p_4 = p_1 = 11\,000$ kg/qm.

Weiter ist:

$$l = \frac{n - 1}{1 + \alpha + \delta + \sigma} = \frac{0{,}3}{1{,}08} = 0{,}27778 \text{ (16,67 mm)}.$$

Aus Fig. 34 ergibt sich der Wert L_a:

für	$p = 500$	1000 kg/qm,
zu	$L_a = 3830$	4300 mkg,

während für die gleichen Verhältnisse in Zahlentafel 12 berechnet war:

$$L = 3850 \qquad 4335 \text{ mkg.}$$

Die gute Übereinstimmung der durch Rechnung und Zeichnung ermittelten Werte ist ein Beweis für die Genauigkeit, mit welcher sich das zeichnerische Verfahren durchführen läßt.

Das Maximum von L_a ergibt sich aus Fig. 34 zu:

$$L_{a_{max}} = 5000 \text{ mkg.}$$

Die L_a-Kurve der Fig. 34 kann auch ohne weiteres zum Ablesen der mittleren indizierten Drücke bei veränderlicher Saugspannung benutzt werden. Bezeichnet man nämlich mit:

F	den nutzbaren Kolbenquerschnitt	qm,
p_m	den mittleren indizierten Druck	kg/qm,
c	die Kolbengeschwindigkeit	m/Sek.,
N_i	den indizierten Kraftbedarf	PS,

so ist:

$$N_i = \frac{p_m \cdot F \cdot c}{75},$$

oder pro Kubikmeter sekundliches Hubvolumen ($F \cdot c = 1$ cbm):

$$N_i' = \frac{p_m}{75}.$$

Der gleiche Wert ergibt sich aus Fig. 34 zu:

$$N_i' = \frac{L_a}{75}.$$

Somit ist:

$$p_m = L_a.$$

Bei einer ausgeführten Vakuumpumpe, deren schädliche Räume α, δ, σ angenähert mit den hier zugrunde gelegten Werten übereinstimmen, ergab sich:

Für die Saugspannung p . . .	500	2170	3540	5240	kg/qm.
Aus dem Indikatordiagramm p_m	3540	4420	5250	4500	„
Nach Fig. 34 ist p_m'	3830	4900	4950	4400	„
Also $p_m' - p_m$	+ 290	+ 480	− 300	− 100	„
Letztere Werte in Prozenten $\left(100 \cdot \frac{p_m' - p_m}{p_m}\right)$	+ 8,2	+ 8,6	− 5,7	− 2,2	%.

Die Zusammenstellung zeigt eine gute Übereinstimmung beider Werte. Die Differenzen sind nicht nur den bei der Berechnung gemachten Vereinfachungen, sondern auch der Schwierigkeit zuzuschreiben, bei den in Betracht kommenden niederen Drücken mit schwachen Indikatorfedern

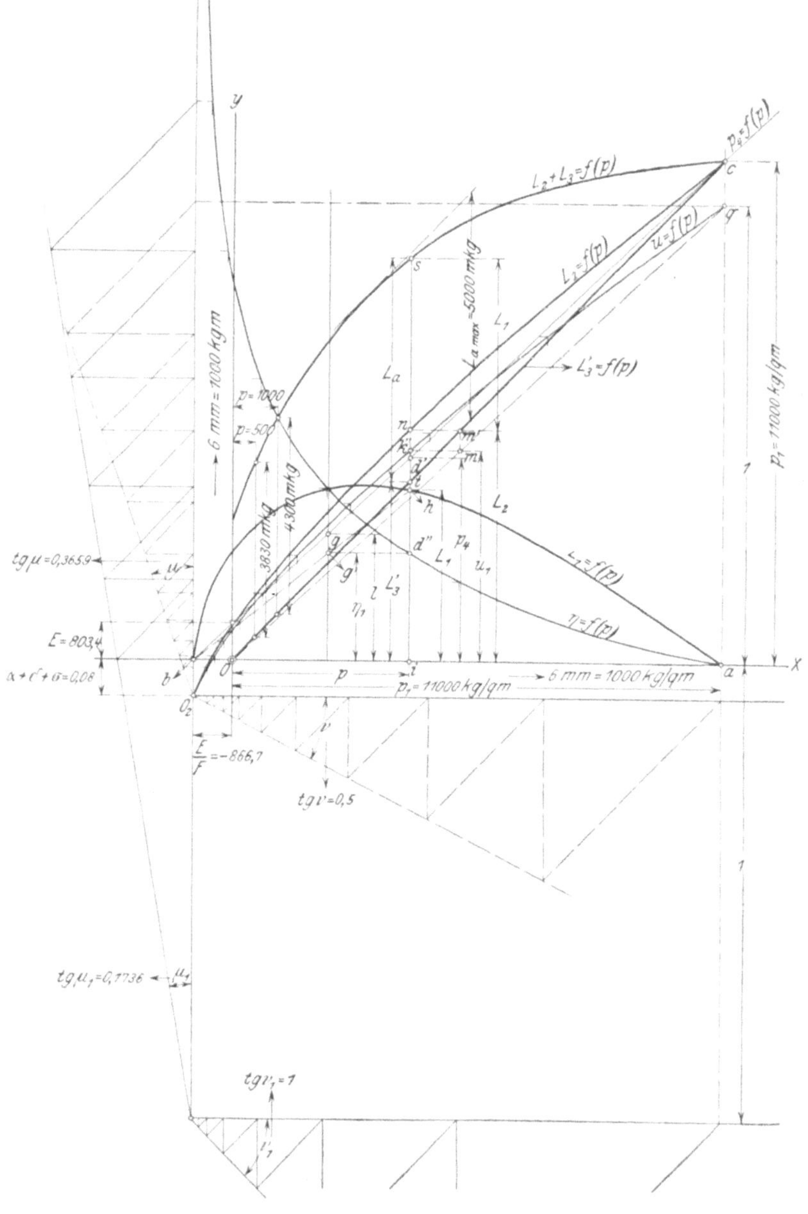

Fig. 34.

genügend zuverlässige Diagramme zu erhalten, da hierbei die Reibung des Indikatorkolbens und -Gestänges einen wesentlichen Einfluß hat.

Bei höheren Saugspannungen — etwa von $p = 7000$ kg/qm an — gibt die L_a-Kurve der Fig. 34 zu niedrige Werte, weil mit der zunehmenden Dichtigkeit der Luft auch die Widerstände beim Durchgang durch die Kanäle und Steuerungsteile zunehmen.

Der Aufzeichnung der Kurven in Fig. 34 sind verhältnismäßig ungünstige Konstruktionsverhältnisse zugrunde gelegt. Eine Verminderung des Arbeitsbedarfs ist insbesondere durch Verkleinerung des schädlichen Druckraumes $\delta \cdot v$ möglich. Die Fig. 30a und 30b zeigen Diagramme einer Vakuumpumpe von ähnlicher Konstruktion, wie durch Fig. 24 schematisch dargestellt, mit im Schieber angeordneten Rückschlagventilen. Dabei betrug δ nur 0,015. Durch Planimetrieren wurde für die (mittels Quecksilbersäule gemessenen) Saugspannungen

$p = 576$ kg/qm (Fig. 30a) 1600 kg/qm (Fig. 30b),
$p_m = 0{,}269$ kg/qcm 0,352 kg/qcm

gefunden, entsprechend den Werten:

$L_a = \sim 2700$ mkg 3500 mkg

für 1 cbm Hubvolumen. Fig. 34 ergibt dagegen für die gleichen Saugspannungen:

$L_a' = 3900$ mkg 4650 mkg.

Die obigen Werte von L_a sind noch kleiner als die in Zahlentafel 12 für $\delta = 0$ und $p = 500$ sowie $p = 1000$ berechneten erwarten lassen können. Diese Verringerung des Leistungsbedarfes ist durch besonders sorgfältig durchgeführte Mantel- und Deckelkühlung des Zylinders erreicht. Infolgedessen liegt die wirkliche Kompressionslinie unterhalb der Polytropen $p \cdot v^{1,3} =$ konst., welche der Konstruktion der Arbeitskurven in Fig. 34 und den Berechnungen der Zahlentafel 12 zugrunde liegt. In Fig. 30b ist die Polytrope $p \cdot v^{1,3} =$ konst. ebenso wie die Isotherme vom Punkte a der Kompressionslinie ausgehend konstruiert. Es mag an dieser Stelle noch auf die Deutlichkeit hingewiesen werden, mit der in den beiden Diagrammen: Fig. 30a und 30b sowohl der Vorgang des Druckausgleichs wie auch das Zurückströmen des Volumens $\delta \cdot v$ bei Beginn der Kompression ausgeprägt ist.

Es muß in Fig. 32 und 34 auffallen, daß die Größe u, d. i. das Volumen, welches mit dem Druck p_1 ins Freie übergedrückt wird, auch bei der Saugspannung $p = 0$ noch einen gewissen Betrag hat. Demnach würde ein Fortdrücken von Luft stattfinden, trotzdem die Pumpe nichts mehr ansaugen kann. Dieser scheinbare Widerspruch erklärt sich aus der Erwärmung der Luft infolge der polytropischen Kompression. Mit jedem Kolbenhub muß die Vergrößerung des Volumens $v \cdot (\delta + \sigma)$ infolge Temperaturerhöhung durch Fortdrücken wieder beseitigt werden. Wenn die Pumpe also mit dem absoluten Druck $p = 0$ bezw. mit der niedrigsten Saugspannung, welche bei geschlossenem Saugstutzen erreicht wird, arbeitet, müßte die Temperatur des Volumens $v \cdot (\delta + \sigma)$ ins Unendliche steigen, da es die ganze indizierte Arbeit in Gestalt von Wärme aufzunehmen hat; gleichzeitig müßte natürlich eine Verminderung des entsprechenden Luftgewichtes bis zum Grenzwert 0 eintreten. In Wirklichkeit stellt sich natürlich bei hohem Vakuum, bei dem die Flächenentwickelung des Diagrammes an und für sich klein ist, ein schneller Wärmeaustausch mit den Wandungen ein. So erhält man bei geschlossenem Saugstutzen im Beharrungszustande tatsächlich Diagramme, die am Ende des Druckhubes in eine Spitze auslaufen; dichten Schieber, Kolben und Stopfbüchse vorausgesetzt. Infolgedessen hat man bei geschlossenem Saugstutzen einen wesentlich geringeren Arbeitsbedarf zu erwarten, als das Diagramm (Fig. 34) bei $p = 0$ angibt. Findet dagegen noch ein Ansaugen

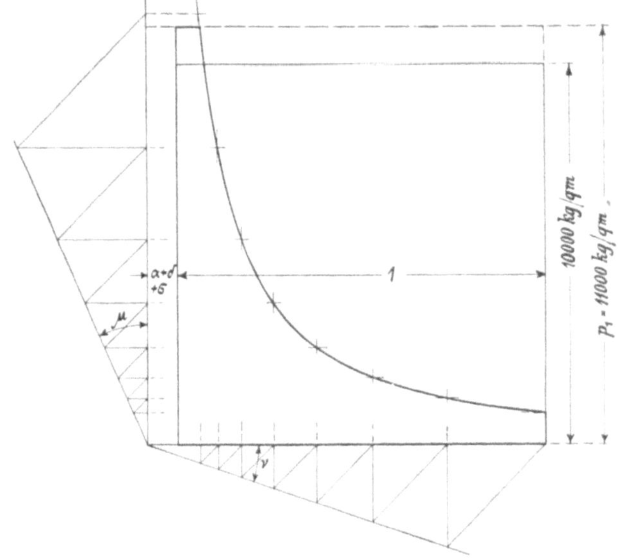

Fig. 35.

von Luft, wenn auch bei ganz niedrigem absoluten Druck, statt, so haben sofort die L_a-Werte der Fig. 34 Gültigkeit. Im Kondensationsbetriebe kommt natürlich nur dieser Fall in Betracht, so daß für den Arbeitsbedarf bei verschiedenen Saugspannungen p, Fig. 34, maßgebend ist.

In Fig 35 ist das Indikatordiagramm für den Grenzfall $p = 0$ auf Grund der gleichen Betrachtungen aufgezeichnet, welche den Fig. 32 und 34 zugrunde liegen. Dabei beträgt der Anfangsdruck bei Beginn der Kompression nach Gleichung (29):

$$p_4 = E = 803{,}4 \text{ kg/qm.}$$

Die Kompressionslinie ist als Polytrope mit $n = 1{,}3$ aufgezeichnet. Der Konstruktionswinkel ν ist angenommen: $tg\,\nu = {}^1/_3$, dann ergibt sich $tg\,\mu$ aus:

$$(1 + tg\,\mu) = 1{,}333^{1{,}3},$$

$$tg\,\mu = 0{,}4535.$$

In Fig. 36 ist das Indikatordiagramm dargestellt, welches man tatsächlich für $p = 0$ im Beharrungszustande erhalten würde; es ist also angenommen, daß die Kompressionslinie am Hubende in eine Spitze ausläuft; von dieser ausgehend, ist die Kompressionslinie rückwärts konstruiert. Durch Planimetrieren ergibt sich der mittlere indizierte Druck zu:

	Fig. 35	Fig. 36
p_i	3200	1570 kg/qm.

(Aus der L_a-Kurve der Fig. 34 folgt für $p = 0 \ldots\ldots p_i = \sim 3100$ kg/qm.)

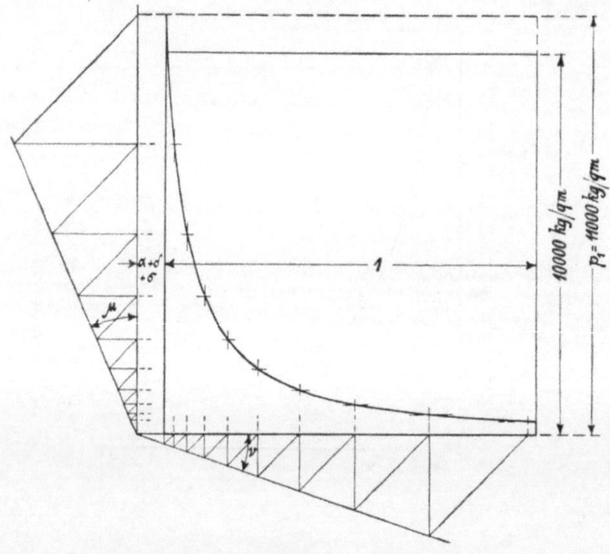

Fig. 36.

Fig. 36 gibt also den Arbeitsbedarf wieder für den Fall, daß die Pumpe mit geschlossenem Saugstutzen leerläuft, Fig. 35 dagegen die untere Grenze des Arbeitsbedarfs unter der Annahme, daß ein Ansaugen von Luft bei höchstem Vakuum gerade noch stattfindet. Der wirkliche Arbeitsbedarf wird im letzteren Falle etwas geringer sein infolge des stärkeren Einflusses der Kühlwirkung der Wandungen.

Jedenfalls ist es irreführend, wenn für die Berechnung des Arbeitsbedarfes bei „höchstem Vakuum" das Diagramm (Fig. 36) zugrunde gelegt wird. Dieser Wert kann im Betriebe auch bei „höchstem Vakuum" nie erreicht werden.

In Fig. 37 ist der indizierte Arbeitsbedarf pro Kubikmeter tatsächlicher Saugleistung auf dem Wege der Zeichnung ermittelt. Zunächst ist die durch Fig. 29 ermittelte Kurve des theoretischen Arbeitsbedarfes für den Exponenten der Polytrope $n = 1,3$ aufgezeichnet. Es ist die mit L_t bezeichnete Kurve. Sodann sind die L_a-Werte, wie sie sich aus Fig. 34 ergeben, als L_a-Kurve nach Fig. 37 übertragen. Ferner ist aus Fig. 23 die Kurve des volumetrischen Wirkungsgrades η_v (unter Berücksichtigung des p-Maßstabes) nach Fig. 37 übertragen. 1 % ist = 0,5 mm gesetzt. Aus Fig. 23 folgt für

$p =$ 21	100	200	300	500	1000	2000	10000 kg/qm,
$\eta_v =$ 0	76	87	90,5	93,5	95,5	96,5	97 %.

Der indizierte Arbeitsbedarf für 1 cbm effektive Saugleistung ist:

$$L_e = \frac{L_a}{\eta_v},$$

wenn man die — wie oben gezeigt, zulässige — Annahme macht, daß der volumetrische Wirkungsgrad mit dem Liefergrad zusammenfällt. Er wird dargestellt durch die L_e-Kurve. Man erhält den Punkt b der L_e-Kurve aus dem Punkt a der L_a-Kurve durch Ziehen des Strahles $\overline{dg}$, horizontale Projektion des zu a gehörigen Punktes c der η_v-Kurve nach f auf $\overline{dg}$, Ziehen der Vertikalen $\overline{fe}$ und Horizontalen $\overline{ae}$ sowie des Strahles $\overline{ge}$ durch den Schnittpunkt e der beiden letzten Geraden. $\overline{ge}$ schneidet $\overline{ac}$ in b. Aus Fig. 37 folgt dann:

$$\frac{\overline{bn}}{\overline{dn}} = \frac{\overline{em}}{\overline{fm}},$$

$$\overline{bn} = \overline{dn} \cdot \frac{\overline{em}}{\overline{fm}} = 1 \cdot \frac{L_a}{\eta_v}.$$

Für

$$\eta_v = 0$$

wird

$$L_e = \infty.$$

Der Arbeitsbedarf pro Kubikmeter effektiver Saugleistung steigt infolgedessen bei kleinen Saugspannungen sehr stark an.

Als „indizierter Wirkungsgrad“ kann das Verhältnis:

$$\frac{L_t}{L_e} = \eta_e$$

bezeichnet werden. Er ergibt sich für den Punkt b der L_e-Kurve durch horizontale Projektion von b nach h auf dem Strahl $\overline{dg}$, vertikale Projektion von h nach i auf die Horizontale, welche durch den dem Punkt b entsprechenden Punkt k der L_t-Kurve gezogen ist, und durch Ziehen des Strahles $\overline{gi}$ bis zu seinem Schnitt l mit $\overline{ak}$. $\overline{ln}$ gibt dann den Wirkungsgrad η_e in Prozenten an (0,5 mm = 1 %).

Die Wirkungsgrade η_e sind für die bei Kondensationen in Betracht kommenden niedrigen Saugspannungen von 0,05—0,15 Atm. sehr schlecht.

Zur Bestimmung von η_e ist als theoretischer Kraftbedarf L_t ein Wert zugrunde gelegt, für dessen Berechnung polytropischer Verlauf der

Kompressionslinie und außerdem noch ein gewisser Überdrückwiderstand als unvermeidlich vorausgesetzt war. L_t stellt also den praktisch erreichbaren indizierten Arbeitsbedarf dar für eine Vakuumpumpe, die ohne Druckausgleich arbeitet. Durch η_e wird daher nur die Erhöhung des Arbeitsbedarfs gekennzeichnet, welche durch Unvollkommenheiten der Konstruktion, insbesondere den Druckausgleich, bedingt sind.

Wenn man indes berücksichtigt, daß der Exponent n ziemlich willkürlich angenommen ist, daß man ferner über den zulässigen Steuerungswiderstand während des Überdrückens verschiedener Ansicht sein kann, so ergibt sich die Forderung eines objektiven Vergleichsmaßstabes. Die Grenze des durch technische Mittel — etwa durch Wassereinspritzung — Erreichbaren ist die isothermische Kompression von der Saugspannung p auf den Druck von

$$1 \text{ Atm.} = 760 \text{ mm } Hg = 10\,333 \text{ kg/qm.}$$

Der zur Kompression von 1 cbm Gas von p auf p_1 kg/qm erforderliche Arbeitsbedarf ist bei isothermischer Kompression:

$$L_i = p \cdot ln \frac{p_1}{p}.$$

Wird p_1 konstant $= 10\,333$, p variabel zwischen $p = 0$ und $p = 10\,333$ angenommen, so ist $L_i = 0$ bei $p = 0$ und bei $p = p_1 = 10\,333$.

Die Kurve

$$L_i = f(p)$$

ist in Fig. 38 konstruiert. Trägt man vom Anfangspunkt O aus als Abszissen die Werte

$$ln\, p$$

ab — $\overline{Oa} = ln\, p_1$ —, macht man ferner auf der Ordinatenachse

$$\overline{Ob} = \overline{Oa} = ln\, p_1,$$

so stellt die Gerade $\overline{ba}$ den Wert $ln\left(\frac{p_1}{p}\right)$ als Funktion von $ln\, p$ dar. Um $ln \frac{p_1}{p}$ als direkte Funktion von p zu erhalten, ist es nur nötig, die zu den Abszissen $ln\, p$ gehörigen Punkte der Geraden $\overline{ba}$ auf die Ordinaten von p selbst zu projizieren. Man erhält so die Kurve:

$$y = ln \frac{p_1}{p}.$$

Bezeichnet z. B. $p' = \overline{Od}$ einen beliebigen Wert der Saugspannung p, so ist

$$\overline{Oc} = ln\, p',$$

$$\overline{ce} = \overline{df} = ln\left(\frac{p_1}{p}\right).$$

ln p
ln p_1
1 für η_i'
L_e
η_i
L_i
L_{max}
p'
45°
$y = \ln \frac{p_1}{p}$
ln p'
ln p_1 = 9,2432 (10 mm = 1)
p_1 = 10333 kg/qm (1 mm = 100 kg/qm)
10333 kg/qm
L_a
η_e
η_v
L_t
0,7
0,54
0,79
1 für η_v und η_i
p = 21
η_v = 0
p, 1 mm = 100 kg/qm
11000 kg/qm

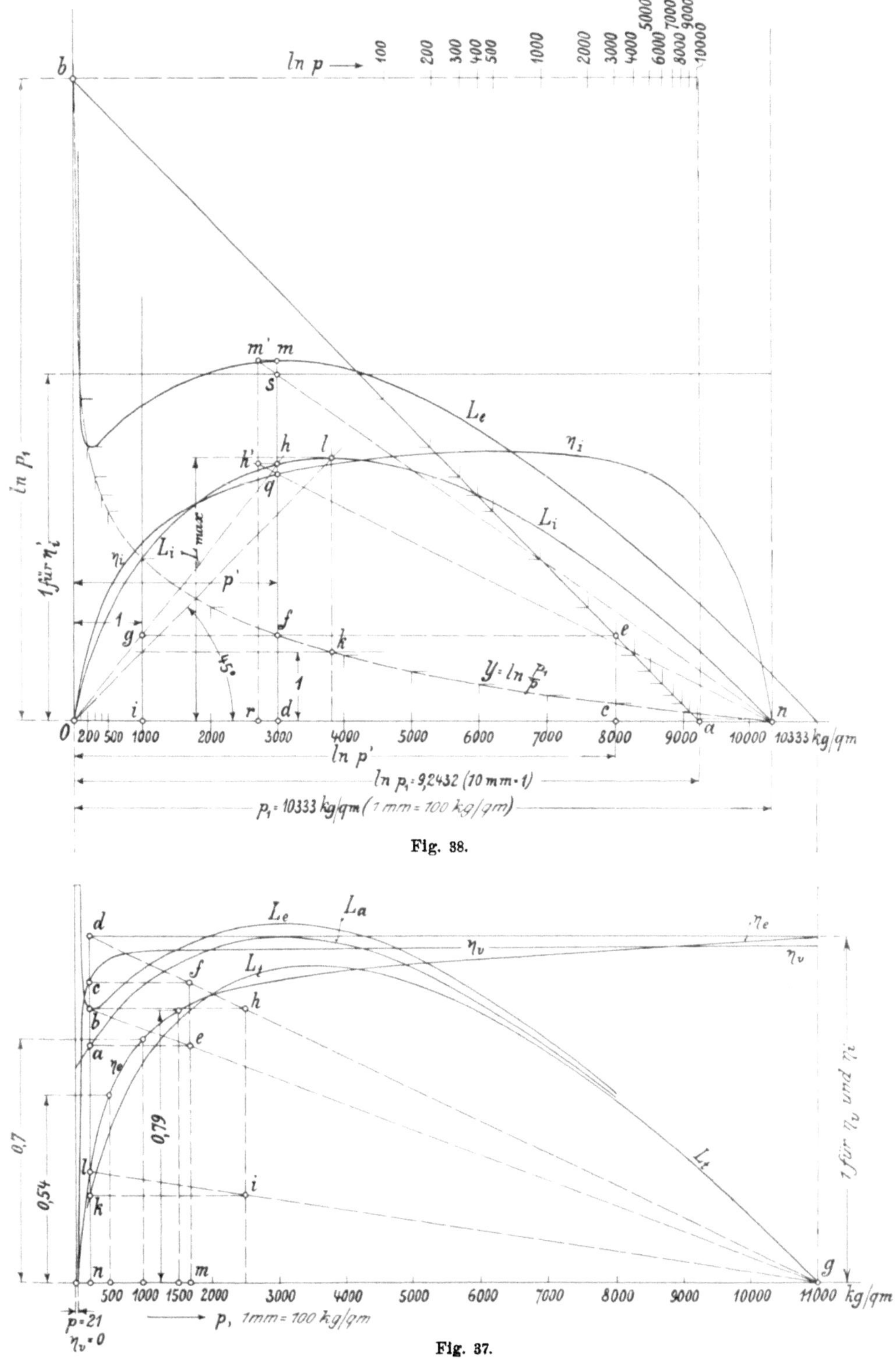

Fig. 38.

Fig. 37.

Die Zahlenwerte $ln\left(\frac{p_1}{p}\right)$ sind im Maßstabe $1 = 10$ mm aufgetragen. Es ist:

ln 10333 = 9,2432	mit 1 = 10 mm	92,4 mm.
10000 = 9,21035		92,1 „
9000 = 9,10498		91,0 „
8000 = 8,98720		89,9 „
7000 = 8,85367		88,5 „
6000 = 8,69952		87,0 „
5000 = 8,51720		85,2 „
4000 = 8,29405		82,9 „
3000 = 8,00637		80,1 „
2000 = 7,60091		76,0 „
1000 = 6,90776		69,1 „
500 = 6,21461		62,1 „
400 = 5,99146		59,9 „
300 = 5,70378		57,0 „
200 = 5,29832		53,0 „
100 = 4,60517		46,1 „

Zwecks Vornahme der graphischen Multiplikation von $ln\left(\frac{p_1}{p}\right)$ mit p ist im Abstande $1 = 10$ mm von der Ordinatenachse eine Vertikale gezogen. Wird Punkt f auf diese nach g projiziert und der Strahl $\overline{Og}$ gezogen und bis zu seinem Schnittpunkt h mit $\overline{df}$ verlängert, so folgt:

$$\frac{\overline{dh}}{\overline{ig}} = \frac{\overline{Od}}{\overline{Oi}},$$

$$\overline{dh} = ln\frac{p_1}{p'} \cdot \frac{p'}{1},$$

$$\overline{dh} = p' \cdot ln\frac{p_1}{p'}.$$

Auf diesem Wege ist die Kurve

$$L_i = f(p)$$

konstruiert. Das Maximum von L_i ergibt sich aus:

$$L = p \cdot ln\frac{p_1}{p},$$

$$\frac{dL}{dp} = ln\frac{p_1}{p} - 1 = 0,$$

somit:

$$ln\frac{p_1}{p} = 1 \text{ und } L_{i\,max} = p.$$

Der Punkt l der Kurve L_i, bei welchem diese ihr Maximum erreicht, liegt also auf der gleichen Ordinate, auf welcher

$$y = ln \frac{p_1}{p} = 1$$

wird.

Man erhält somit l als Schnittpunkt der durch den Punkt k mit der Ordinate $y = 1$ gelegten Vertikalen mit einem durch O unter einem Winkel von 45^0 gezogenen Strahl. Die Berechnung ergibt für das Maximum:

$$ln\, p = ln\, p_1 - 1 = 8{,}2432,$$

$$p = 3670 \text{ kg/qm},$$

$$L'_{max} = 3670 \text{ mkg}.$$

Die L_e-Kurve aus Fig. 37 ist nach Fig. 38 übertragen; der indizierte Wirkungsgrad ist dann:

$$\eta_i = \frac{L_i}{L_e}.$$

Dem Punkt h der L_i-Kurve entspricht der Punkt m der L_e-Kurve. Macht man $\overline{ds} = 1$, zieht den Strahl $\overline{ns}$, die Horizontale $\overline{mm'}$, die Vertikale $m'h'$, die Horizontale $\overline{hh'}$ und den Strahl $\overline{nh'}$, welcher $\overline{dh}$ in q schneidet, so folgt:

$$\frac{dq}{ds} = \frac{rh'}{rm'},$$

$$dq = ds \cdot \frac{rh'}{rm'} = 1 \cdot \frac{L_i}{L_e} = \eta_i.$$

Diese Konstruktion ist für eine Reihe von Punkten durchgeführt und so die Wirkungsgradkurve η_i erhalten. Diese Werte sind natürlich noch wesentlich ungünstiger als die η_e-Werte der Fig. 37. Es ist:

für p	500	1000	1500 kg/qm,
nach Fig. 37 η_e	54	70	79 %,
„ „ 38 η_i	30	47	59,5 „ .

Die letzteren Wirkungsgrade müssen als ganz außerordentlich ungünstig bezeichnet werden.

10. Kapitel.

Der mechanische Wirkungsgrad.

Der mechanische Wirkungsgrad der Vakuumpumpe, d. h. das Verhältnis der indizierten Vakuumpumpenarbeit zu der effektiven Arbeit, welche an der Pumpenwelle zugeführt werden muß, ist von verschiedenen Umständen abhängig: z. B. der Ausführung der Pumpe in stehender oder liegender Bauart, Verhältnis von Kolbendurchmesser zu Kolbenhub, Umdrehungszahl, Größe der Leistung usw.; von großem Einfluß ist auch die Werkstättenausführung, da bei den geringen indizierten Drücken der Einfluß mechanischer Reibungsverluste relativ viel größer ist, als bei den hohen mittleren indizierten Drücken von Dampf- und Gasmaschinen und Kompressoren. Im allgemeinen kann, wie bei der Dampfmaschine, angenommen werden, daß die Reibungsverluste in der Maschine bei jeder Saugspannung angenähert dieselben sind. Gute Ausführung vorausgesetzt, beträgt der mechanische Wirkungsgrad bei dem maximalen indizierten Kraftbedarf, also bei einer absoluten Saugspannung von ca. $^1/_3$ Atm., 70—80 $^0/_0$.

Man kann setzen bei einem stündlichen Hubvolumen in einem Zylinder von

	200	500	1000	1500	2000 cbm
$\eta =$	0,70	0,73	0,77	0,79	0,80.

Damit ist es möglich, die effektive Leistung, welche an der Welle der Vakuumpumpe im normalen Betriebe zuzuführen ist, den nachfolgenden Ausführungen entsprechend zu berechnen.

Beispiel.

Für eine Oberflächenkondensation, welche stündlich 8000 kg Dampf niederzuschlagen hat, sei das erforderliche stündliche Hubvolumen der Vakuumpumpe zu 600 cbm bei einem absoluten Kondensatordruck von 0,1 Atm. berechnet. Der erforderliche Kraftbedarf der Vakuumpumpe soll unter Zugrundelegung der L_a-Kurve der Fig. 34 berechnet werden.

Der indizierte Arbeitsbedarf beträgt maximal für 1 cbm Hubvolumen 5000 mkg. Die Vakuumpumpe erfordert also maximal:

$$N_i = \frac{600 \,.\, 5000}{3600 \,.\, 75} = 11{,}1 \text{ PS}_{\text{ind}}.$$

Mit einem mechanischen Wirkungsgrad $\eta_m = 0{,}74$ berechnet sich somit der maximale effektive Kraftbedarf zu:

$$N_e = \frac{11{,}1}{0{,}74} = 15 \; PS_e.$$

Die mechanischen Verluste betragen also:

$$15 - 11{,}1 = 3{,}9 \text{ PS}.$$

Bei dem verlangten Vakuum ist der indizierte Arbeitsbedarf für 1 cbm Hubvolumen:

4300 mkg.

Im normalen Betriebe beträgt also der indizierte Kraftbedarf:

$$N_i = \frac{600 \,.\, 4300}{3600 \,.\, 75} = 9{,}6 \text{ PS}_i.$$

und der effektive Kraftbedarf:

$$N_e = 9{,}6 + 3{,}9 = 13{,}5 \text{ PS}_e.$$

11. Kapitel.

Kraftbedarf der Kondensatpumpe.

Der Kraftbedarf der Kondensatpumpe spielt neben demjenigen der Luftpumpe keine große Rolle. Für Überschlagsrechnungen kann ihm einfach durch Annahme eines schlechteren mechanischen Wirkungsgrades der Vakuumpumpe Rechnung getragen werden, ähnlich wie man bei einer Dampfmaschine die für den Betrieb der Kondensation erforderliche Arbeit zu den mechanischen Reibungsverlusten rechnet.

Der indizierte Arbeitsbedarf der Kondensatpumpe hängt von der Förderhöhe des Kondensates ab. Diese setzt sich zusammen aus:

1. der Differenz zwischen Atmosphären- und Kondensatorspannung . . . . h_1 m Wassersäule,
2. dem Widerstand der Druckventile . . . . . h_2 „ „
3. der manometrischen Förderhöhe zwischen Kondensatpumpe und Ausgußöffnung der Kondensatleitung . . . . h_3 „ „

h_1 ist durch die Höhe des Vakuums bestimmt.

h_2 hängt von der freien Durchflußöffnung und Konstruktion der Druckventile ab und liegt in den meisten Fällen zwischen 0,5 und 1 m Wassersäule.

h_3 ist von der Anlage der Kondensatdruckleitung und der Anordnung des Kondensatsammelgefäßes abhängig. Da bei Dampfturbinen die Kondensationsanlage in der Regel im Maschinenhauskeller untergebracht wird, während der Kesselhausfußboden, auf welchem der Speisewasserbehälter gewöhnlich steht, meist mit Maschinenhausflur in gleicher Höhe liegt, so beträgt h_3 gewöhnlich 3—5 m. Es mag hier bemerkt werden, daß die meisten Konstruktionen von Kondensatkolbenpumpen keine höhere Druckhöhe h_3 als 5 m ohne Beeinträchtigung des ruhigen Ganges der Pumpe gestatten.

Die Ermittelung des mechanischen Wirkungsgrades und damit des effektiven Kraftbedarfs der Kondensatpumpen bietet infolge des geringen Betrages Schwierigkeiten. Bei einer großen Kondensation für 30000 kg Abdampf pro Stunde und einer Gesamtförderhöhe des Kondensates von:

$$h_1 + h_2 + h_3 = 15 \text{ m Wassersäule}$$

beträgt der indizierte Kraftbedarf nur:

$$N_i = \frac{30000 \,.\, 15}{3600 \,.\, 75} = \sim 1{,}7 \text{ PS}_i.$$

Bei der normalen Ausführung, bei welcher die Kondensatpumpe von der Vakuumpumpe mit angetrieben wird — endweder direkt oder mit Übersetzung — werde als mechanischer Wirkungsgrad der Kondensatpumpe bezeichnet:

$$\frac{\text{indizierte Kondensatpumpenarbeit}}{\text{für den Betrieb d. Kondensatpumpe auf d. Vakuumpumpenwelle übertragene Arbeit.}}$$

Die geringsten mechanischen Verluste erhält man, wenn man die Kolbenstangen von Vakuum- und Kondensatpumpe direkt kuppelt; sie sind wesentlich größer, wenn man genötigt ist, die Kondensatpumpe von der Vakuumpumpenwelle durch eine besondere Kurbel anzutreiben, und wachsen noch mehr, wenn ein Zahnradvorgelege zwischengeschaltet ist, um eine geringere Umdrehungszahl der Kondensatpumpe zu erzielen. Bei guter Werkstattausführung kann der mechanische Wirkungsgrad in diesen drei Fällen angenommen werden:

1. direkte Kupplung der beiden Kolbenstangen . . . $\eta_m = 0{,}55$—$0{,}65$
2. Antrieb durch gesonderte Kurbel . . . . . . „ $= 0{,}45$—$0{,}55$
3. Antrieb durch Zahnradvorgelege . . . . . . „ $= 0{,}30$—$0{,}40$

Beispiel.

Wird in dem vorher für die Vakuumpumpe benutzten Rechnungsbeispiel direkte Kupplung der Kolbenstangen und dementsprechend $\eta_m = 0{,}6$ angenommen, ferner die Förderhöhen gesetzt:

$$h_1 = 9 \text{ m}, \qquad h_2 = 0{,}5 \text{ m}, \qquad h_3 = 4{,}5 \text{ m},$$
$$h = h_1 + h_2 + h_3 = 14 \text{ m},$$

so ist an der Welle der Vakuumpumpe für den Kondensatpumpenantrieb zu leisten:

$$N_c = \frac{8000 \cdot 14}{3600 \cdot 75 \cdot 0{,}6} = \sim 0{,}7 \text{ PS}_e.$$

Für den normalen Betrieb von Luft und Kondensatpumpe ist daher unter den angenommenen Verhältnissen eine Leistung erforderlich von

$$N = 13{,}5 + 0{,}7 = 14{,}2 \text{ PS}_e.$$

Zu dem gleichen Resultat gelangt man auch, wenn man den Kraftbedarf für die Kondensatpumpe unberücksichtigt läßt und den mechanischen Wirkungsgrad der Vakuumpumpe zu 0,71 statt 0,74 annimmt.

Der maximale Kraftbedarf beim Anlassen beträgt:

$$N' = 15 + 0{,}7 = 15{,}7 \text{ PS}_e.$$

Wird bei elektrischem Antrieb der Motor für den normalen Kraftbedarf ausreichend bemessen, so genügt er auch für den maximalen Kraftbedarf, selbst wenn dieser einmal längere Zeit erforderlich wäre.

12. Kapitel.

Konstruktive Ausführung der Kondensatpumpe.

Eine doppelt wirkende Kondensatpumpe normaler Ausführung ist in Fig. 39, 40, 41 in verschiedenen Schnitten dargestellt. Damit die Kondensatpumpe zuverlässig arbeitet, ist in erster Linie darauf zu achten, daß der Strömung des Kondensates vom Kondensator zu der Kondensatpumpe bis zur Füllung des Pumpenzylinders möglichst wenig Hindernisse in den Weg gelegt werden; andernfalls verhindert das durch die getrennte Luftabsaugung im Kondensator über dem Kondensatspiegel erzeugte hohe Vakuum das Kondensat am Zufluß zur Pumpe oder macht hierfür eine

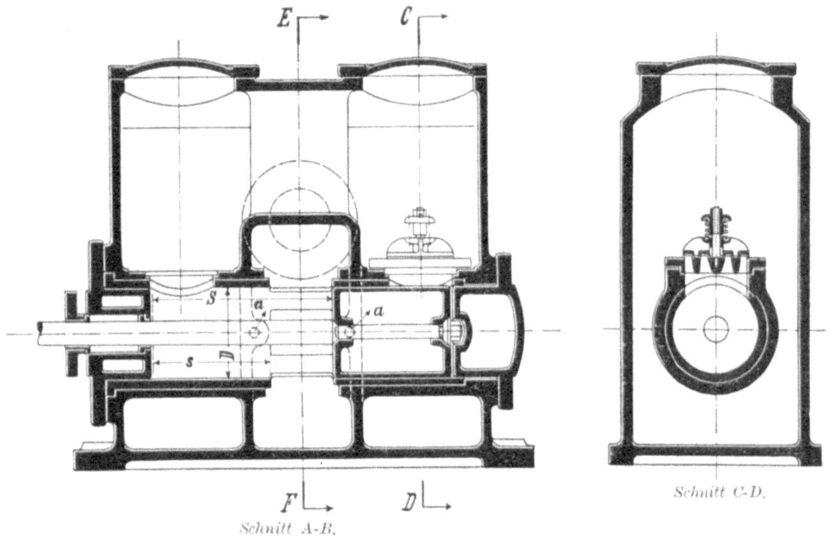

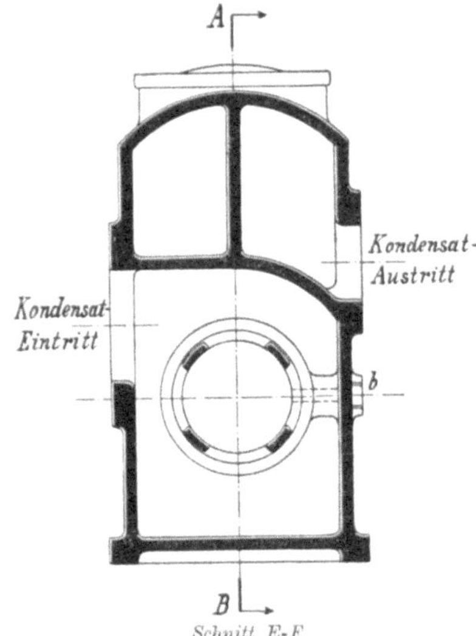

Fig. 39, 40, 41.

hohe Wassersäule erforderlich. Es ist aber besonders bei Kondensationen für Dampfturbinen, welche in der Regel im Maschinenhauskeller untergebracht werden müssen, wünschenswert, mit einer geringen Kondensatzuflußhöhe auszukommen. Man soll daher die Kondensatsaugleitung möglichst kurz halten und mit großem Querschnitt ausführen. Die Zuflußgeschwindigkeit soll nicht mehr als 0,3—0,4 m pro Sekunde betragen. Vor allem aber müssen Saugventile oder -Klappen vermieden werden. Es ist deshalb allgemein üblich, Kondensatpumpen mit Einströmungsschlitzen in der Zylinderlaufbüchse auszuführen, welche durch den Kolben am Hubende freigelegt werden. Es ist zweckmäßig, die Größe der Schlitze zunächst nach Schätzung anzunehmen. Man bestimmt dann unter Benutzung des Kurbelkreises die Zeit t (in Sekunden), während welcher die Schlitze offen sind, und den mittleren freien Querschnitt f_m (in Quadratmetern) während der Eröffnungsdauer in bekannter Weise.*) Bezeichnet man ferner die zulässige Zuflußhöhe des Kondensates mit h (in Metern) und das Volumen, welches bei jeder Einströmung zu fördern ist, mit q (in Kubikmetern), so muß sein:

$$q = t \,.\, f_m \sqrt{2\, g\, h},$$

$$f_m = \frac{q}{t\sqrt{2\, g\, h}}.$$

Es empfiehlt sich jedoch, den Querschnitt mindestens doppelt so groß zu machen als diese Rechnung ergibt, um der Kontraktion und sonstigen Widerständen Rechnung zu tragen. Namentlich können Spuren von Luft, welche mit dem Kondensat in den Pumpenzylinder gelangen, eine bedeutende Vergrößerung der nötigen Zulaufhöhe bedingen. Die Firma Balcke führt deshalb einen ihr patentierten Vakuumanschluß aus. Er ist in Fig. 39 bei a, a, in Fig. 41 bei b angedeutet und besteht aus einer einfachen Bohrung, welche kurz vor der Eröffnung der Einströmungsschlitze durch den Kolben freigelegt wird. Sie steht durch ein Rohr mit dem Vakuumraum des Kondensators in Verbindung und bewirkt, daß jede Spur von Luft abgesaugt wird, bevor die Kondensateinströmung beginnt. Es empfiehlt sich, den Vakuumanschluß an der ersten heißesten Kammer des Kondensators anzubringen. Da man das Kondensat mit möglichst hoher Temperatur der Kondensatpumpe zuführt, so würde beim Anschluß etwa an den Saugstutzen der Luftpumpe Wasserdampf von dem Druck, welcher der Kondensattemperatur entspricht, in die Luftpumpe eintreten; hierdurch würde die Gegenstromwirkung des Kondensators beeinträchtigt oder ganz zerstört.

Was die Abmessungen des Kondensatpumpenzylinders anbetrifft, so würde es theoretisch genügen, das nutzbare Hubvolumen (s. Fig. 39):

$$q = \frac{\pi}{4} \cdot D^2 \cdot s$$

= dem bei der größten Belastung der Kondensation pro Hub zu fördernden Kondensatvolumen zu machen. Damit die Pumpe auch bei ungleichmäßigem, stoßweisen Zufluß des Kondensates befriedigend arbeitet, ist es nötig, die Abmessungen $\frac{\pi}{4} \cdot D^2 \cdot s$ weit größer — etwa $= 1{,}8$ bis $2 \,.\, q$ — auszuführen. Hierzu kommt noch, daß man nicht mit Sicherheit darauf rechnen kann, daß der Zylinder während der Dauer der Schlitzeröffnung tatsächlich ganz voll läuft. Insbesondere wird der freie (schädliche) Raum unter dem Ventilsitz sich nicht leicht mit Kondensat füllen. Bei der Konstruktion der Kondensatpumpe soll man daher diesen Raum möglichst klein gestalten.

*) S. u. a. Dubbel, a. a. O. S. 226 ff.

Die größte Schwierigkeit bei der Konstruktion der Kondensatpumpe besteht darin, Stöße im Gestänge, Ventil- und Wasserschläge zu vermeiden. Der Zylinder einer normalen Kolbenwasserpumpe ist bei Hubbeginn ganz mit Wasser gefüllt, dieses geht mit dem Kolben von der Geschwindigkeit *o* in die Hubgeschwindigkeit über. Bei richtiger Wahl aller Abmessungen ist das selbst bei höheren Umdrehungszahlen ohne jeden Stoß möglich. Bei der Kondensatpumpe dagegen trifft der Kolben in der Nähe der Hubmitte mit hoher Geschwindigkeit auf das entlüftete Kondensat, welches nur einen Teil des Zylinders füllt. Hierbei steigt der Druck, wie das an einer Kondensatpumpe abgenommene Diagramm (Fig. 42) zeigt, beinahe unvermittelt vom höchsten Vakuum auf den Gegendruck; infolgedessen entsteht die Gefahr eines harten Schlages auf den Kolben und die Druckventile, der sich auf das Gestänge fortpflanzt und leicht zu Zerstörungen Anlaß gibt.

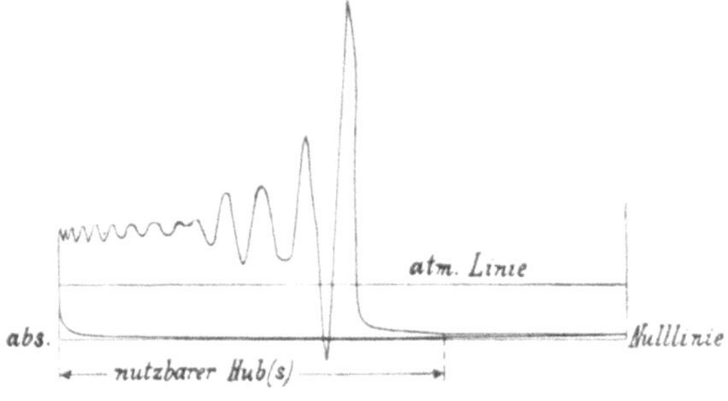

Fig. 42.

Es gibt verschiedene Mittel zur Beseitigung dieses Schlages. Das einfachste ist die Verminderung der Umdrehungszahl. Demgegenüber läßt die Vakuumpumpe eine hohe Umdrehungszahl als wünschenswert erscheinen, weil dadurch der schädliche Einfluß von etwaigen Undichtigkeiten auf die Saugleistung verringert wird. Will man trotzdem die Kondensatpumpe von der Welle der Vakuumpumpe aus mit antreiben, so muß man eine Übersetzung zwischen beiden einschalten. Diese Lösung ist indes wegen der Komplikation der Anlage, welche eine Vergrößerung des Platzbedarfes, Vermehrung der Zahl der Schmierstellen und Erschwerung der Bedienung zur Folge hat, unbefriedigend. Ferner kann durch Einschnüffeln von Luft ein allmähliches Ansteigen der Drucklinie und dadurch ruhiger Gang erzielt werden. Dabei tritt aber auch Luft in den Saugraum der Pumpe, welche das Zuströmen des Kondensates erschwert oder verhindert; Schnüffelung darf daher nur im Notfall und mit Vorsicht angewendet werden. Der Hauptwert ist auf sorgfältige, konstruktive Durchbildung aller Teile der Kondensatpumpe zu legen. Insbesondere ist der freie Ventilquerschnitt sehr reichlich, das Ventilgewicht möglichst gering auszuführen. Ferner empfiehlt es sich, den Kolben nicht mit ebenen Stirnflächen, wie in Fig. 39

dargestellt, auszuführen, sondern mit kegelförmigen Spitzen zu versehen. Durch diese Mittel läßt sich in Verbindung mit mäßiger Schnüffelung ein befriedigender Gang der Kondensatpumpe bei mittleren Umdrehungszahlen erreichen.

Da die Heftigkeit des Schlages in erster Linie von der Höhe der plötzlich auftretenden Drucksteigerung abhängig ist, so ist es auch möglich, durch zweistufige Wirkungsweise einen ruhigen Gang der Kondensatpumpe bei hoher Umdrehungszahl zu ermöglichen. Neuere Kondensatpumpen werden deshalb ausschließlich zweistufig ausgeführt. Durch Verwendung eines Differentialkolbens und nur eines Zylinders wird die zweistufige Wirkungsweise mit einfachen Mitteln erreicht. Auf diese Konstruktion soll hier nicht näher eingegangen werden, da sie bei Behandlung der Naßluftpumpen in gleicher Ausführung wiederkehrt und eingehend behandelt wird.

Dritter Abschnitt.

Die Pumpen für gemeinsame Luft- und Kondensatabsaugung.

13. Kapitel.

Die einstufige Naßluftpumpe.

Zur gleichzeitigen Entfernung von Luft und Kondensat aus dem Oberflächenkondensator können Naßluftpumpen derselben Bauart wie für Einspritzkondensationen verwendet werden. Eine Zusammenstellung solcher Pumpen findet sich u. a. in den Werken von Dubbel*) und Ihering.**) Ferner ist eine große Zahl von Luftpumpenkonstruktionen, wie sie speziell für die Oberflächenkondensationen der Seedampfer ausgeführt werden, von Strebel***) eingehend beschrieben.

Das Volumen des Dampfluftgemisches von dem absoluten Kondensatordruck p_0, welches stündlich aus dem Kondensator abzusaugen ist, werde wie im ersten Abschnitt mit L' (cbm) bezeichnet und kann nach den Ableitungen des 2. Kap. berechnet werden. Verwendet man eine einstufige Naßluftpumpe mit Saug- und Druckklappen bezw. -Ventilen, etwa der von Ihering a. a. O. (Fig. 309 und 310, S. 302 und 303) dargestellten Ausführung, so ist in erster Linie zu berücksichtigen, daß der Druck im Pumpenzylinder während des Saughubes um einen bestimmten Betrag niedriger ist als der Kondensatordruck. Die Differenz ist abhängig von dem Saugklappenwiderstand, sowie den Strömungs- und Kontraktionswiderständen. Der Einfluß derselben ist größer, als man im allgemeinen annimmt. Z. B. betrage bei einer Anlage der absolute Druck am Luftsaugstutzen des Kondensators $p_0 = 1500$ kg/qm; er setze sich zusammen aus einer Dampfspannung $d_2 = 800$ kg/qm und Luftspannung $l_2 = 700$ kg/qm; der Saugklappenwiderstand sei 300 kg/qm. Dann ist die absolute Saugspannung im Pumpenzylinder 1200 kg/qm. Da der Dampfdruck im Zylinder ebenso wie am Saugstutzen unverändert 800 kg/qm ist, so kann der Luftdruck im Pumpenzylinder nur noch $1200 - 800 = 400$ kg/qm

*) Dubbel, Entwerfen und Berechnen der Dampfmaschinen, S. 215—233.

**) Ihering, Die Gebläse, S. 276—304.

***) Strebel, Z. d. V. d. Ing. 1905, S. 1930 ff.

betragen. Wenn nun keine weiteren Umstände wirksam wären, welche die Leistung der Pumpe noch mehr beeinträchtigen, so erforderte allein die Drosselung bei dem Eintritt in den Luftzylinder eine Vergrößerung des berechneten Luft-Hubvolumens auf

$$L' \cdot \frac{700}{400}$$

bezw. der Liefergrad dieser Pumpe wäre:

$$\lambda' = \frac{400}{700} = \sim 0{,}57.$$

Der Saugwiderstand von 300 kg/qm dürfte bei den meist gebräuchlichen Ausführungen mit Gummiklappen nicht zu hoch gegriffen sein. Für eine Turbinenkondensation, bei welcher man das höchstmögliche Vakuum zu erreichen sucht und mit halben Vakuumprozenten rechnet, ist eine derartige Pumpe nicht brauchbar. Das wirtschaftlich günstigste Vakuum der Kolbendampfmaschine liegt, wie früher erwähnt, bei 80—85 %. Hierbei spielt der Saugwiderstand keine große Rolle mehr; die einstufigen Pumpen mit Saugklappen werden deshalb wegen ihrer bewährten Einfachheit mit einer gewissen Berechtigung immer noch für die Einspritz- und Oberflächenkondensationen der Kolbendampfmaschinen ausgeführt.

Für die Berechnung des Kraftbedarfs der Naßluftpumpen mit Saug- und Druckklappen sind unter Anlehnung an das 2. Kap. folgende Bezeichnungen zugrunde gelegt:

p_0 = absolute Kondensatorspannung . . . . kg/qm
bestehend aus den Partialdrücken:
l_2 = absoluter Luftdruck . . . . „
d_2 = „ Dampfdruck . . . . „
l = das pro Kilogramm Dampf zu fördernde Luftvolumen vom Drucke l_2 . . . . cdcm
p' = absolute Saugspannung im Pumpenzylinder . . . . . kg/qm
p_1 = „ Druckspannung „ „ „
l_s = „ Luftspannung „ „ während des Saughubes . . . . „
$l' = l \cdot \frac{l_2}{l_s}$ das pro Kilogramm Dampf zu fördernde Luftvolumen von dem Drucke l_s . . . . cdcm
A_c = indizierter Arbeitsbedarf zur Förderung von 1 kg Kondensat . . . . mkg
A_l = indizierter Arbeitsbedarf zur Förderung von l' cdcm Luft „
λ = Liefergrad der Naßluftpumpe
λ', λ'' = Teilbeträge von λ.

Der theorethische, indizierte Kraftbedarf der Naßluftpumpe setzt sich zusammen aus den beiden Teilbeträgen für die Kondensat- und Luftförderung. 1 kg Kondensat erfordert

$$A_c = (p_1 - p') \cdot \frac{1}{1000} \text{ mkg.} \tag{40}$$

Die Kompression des Luftdampfgemisches kann man infolge der gleichzeitigen Anwesenheit von Kondensat als rein isothermischen Vorgang betrachten, wie folgende Näherungsrechnung zeigt:

Es sei 1 cbm Luftdampfgemisch vom Gesamtdrucke $p = 2000$ und den Partialdrücken $l_2 = 1000$ und $d_2 = 1000$ kg/qm auf $p_1 = 12000$ kg/qm zu komprimieren bei gleichzeitiger Anwesenheit von 10 kg Kondensat.

Bei adiabatischer Kompression von 1 cbm trockener Luft von 1000 kg/qm absolutem Druck auf 11000 kg/qm absoluten Druck ist das Wärmeäquivalent der geleisteten Kompressions- und Fortdrückarbeit*):

$$Q_1 = A \cdot L = p_0 \cdot V \cdot \frac{n}{n-1} \cdot \left[\left(\frac{p}{p_0}\right)^{\frac{n-1}{n}} - 1\right] \text{ WE.}$$

Das ergibt mit:

$$p = 11000,$$

$$p_0 = 1000,$$

$$V = 1,$$

$$n = \varkappa = 1{,}41,$$

$$\frac{p}{p_0} = \frac{11000}{1000} = 11,$$

$$Q_1 = \frac{1}{427} \cdot 1000 \cdot 3{,}44 \cdot \left[11^{0{,}291} - 1\right] = 8{,}13 \text{ WE.}$$

Ferner wird Wärme dadurch frei, daß sich infolge der Volumenverminderung während des Kompressionsvorganges Dampf niederschlägt. Das Luftvolumen beträgt am Ende der Kompression, bei Annahme rein isothermischer Zustandsänderung:

$$1 \cdot \frac{1000}{11000} = 0{,}091 \text{ cbm.}$$

Infolgedessen wird während der Kompression ein Dampfquantum niedergeschlagen von:

$$1 - 0{,}091 = 0{,}909 \text{ cbm.}$$

1 cbm gesättigter Dampf von 1000 kg/qm absolutem Druck wiegt 0,066 kg, seine Temperatur beträgt 45,58 ° C. Werden bei dieser Temperatur 0,909 cbm niedergeschlagen, so werden frei:

$$Q_2 = 0{,}909 \,.\, 0{,}066 \,.\, 574{,}75 = 34{,}40 \text{ WE.}$$

Von den gleichzeitig anwesenden 10 kg Kondensat sind somit näherungsweise aufzunehmen:

$$Q = Q_1 + Q_2 = \sim 42{,}5 \text{ WE}$$

*) Hütte I, 1905, S. 302.

Hierbei beträgt die Temperaturerhöhung

$$\frac{Q}{10} = 4{,}25^{\circ} \text{ C.}$$

In den meisten Fällen liegen die Verhältnisse weit günstiger, so daß unbedenklich mit rein isothermischem Verdichtungsvorgang gerechnet werden kann. Hierbei bleibt der Dampfdruck im Pumpenzylinder konstant. Die Kompressionslinie verläuft daher, wie durch das Diagramm, Fig. 43, dargestellt ist, theoretisch so, als ob die Luft von dem Druck l_s allein auf den Druck $(p_1 - d_2)$ isothermisch zu komprimieren wäre. Hierbei beträgt die Kompressionsarbeit für das zu 1 kg Kondensat gehörige Luftvolumen l' vom Drucke l_s:

$$A_l = l_s \cdot \frac{l'}{1000} \cdot ln \frac{p_1 - d_2}{l_s} \text{ mkg.} \tag{41}$$

Während bei der Vakuumpumpe der Kraftbedarf aus der Saugspannung und den konstruktiven Verhältnissen der Pumpe berechnet werden kann und nur unmerklich von dem Partialdruck der Luft abhängig ist, ändert sich bei der Naßluftpumpe A_l ganz bedeutend mit dem Luftgehalt des abgesaugten Gemisches und wird für l_s und $l' = 0$ ebenfalls zu Null.

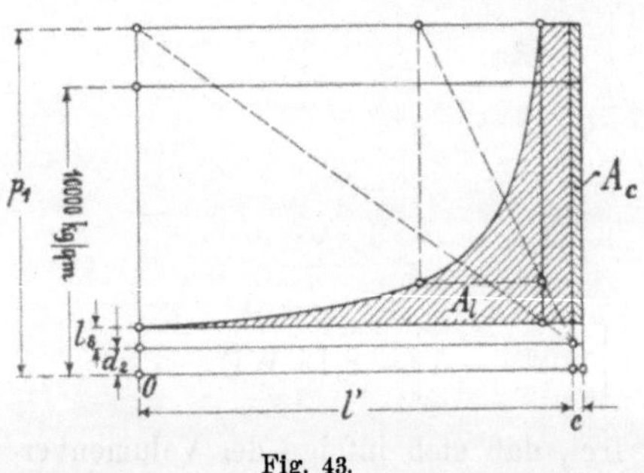

Fig. 43.

Der Widerstand beim Ansaugen kann dadurch vermieden werden, daß man die Luftpumpe mit Schlitzeinströmung ausführt, in ähnlicher Weise wie die in Fig. 39, 40, 41 dargestellte Kondensatpumpe. Der Querschnitt der Einströmungsschlitze kann leicht so bemessen werden, daß ein merklicher Vakuumverlust zwischen Pumpenzylinder und Kondensator nicht eintritt. Im Pumpenzylinder befindet sich bei Beginn der Schlitzöffnung, abgesehen von Kondensat, Dampf von der Spannung d_2, welche natürlich während der Eröffnungsdauer konstant bleibt. Deshalb kann aus dem zuströmenden Gemisch nur Kondensat und Luft durch die Schlitze eintreten, bis der Druck im Zylinder gleichfalls $d_2 + l_2$ beträgt. Die Zeitdauer der Eröffnung muß lang genug sein, um den Ausgleich zu ermöglichen. Die hierbei auftretenden Spannungsdifferenzen sind so gering, daß sie durch den Indikator nicht nachgewiesen werden können. Die Untersuchung, ob der Schlitzquerschnitt ausreichend bemessen ist, wird deshalb zweckmäßig durch Ermittelung des Liefergrades einer ausgeführten Pumpe bei verschiedenen Umdrehungszahlen ausgeführt.

Die Berechnung des theoretischen, indizierten Kraftbedarfes gestaltet sich folgendermaßen.

Bei ausreichend bemessenen Einströmungsschlitzen ist

$$p = p_0 \text{ und } l_s = l_2$$

und daher auch das pro Kilogramm Dampf zu fördernde Luftvolumen gleich l cdcm.

Wenn man von der Flächenentwicklung zwischen Beginn und Schluß der Schlitzeröffnung absieht (bei mit dem Indaktor aufgenommenen Diagrammen fallen die bei dem Kolbenhin- und -rückgang vom Schreibstift gezeichneten Linien hier zusammen, s. z. B. Strebel, Z. d. V. d. Ing. 1905, S. 1934, Fig. 7—9), so setzt sich nach dem theoretischen Diagramm, Fig. 44, der zur Luftförderung erforderliche Arbeitsbedarf zusammen aus den beiden schräg schraffierten Flächen mit dem Inhalte A_1 und A_2. A_1 beträgt bei isothermischer Kompression:

$$A_1 = l_2 \cdot \frac{l}{1000} \cdot ln \frac{p_1 - d_2}{l_2} \text{ mkg}, \tag{42}$$

genau wie bei der Pumpe mit Saugklappen, nur daß bei genügender Größenbemessung der Saugschlitze der Luftdruck im Pumpenzylinder und Kondensator übereinstimmen. Hierzu kommt, wie aus dem Diagramm (Fig. 44) direkt entnommen werden kann:

$$A_2 = l_2 \cdot \frac{l}{1000} \text{ mkg}. \tag{43}$$

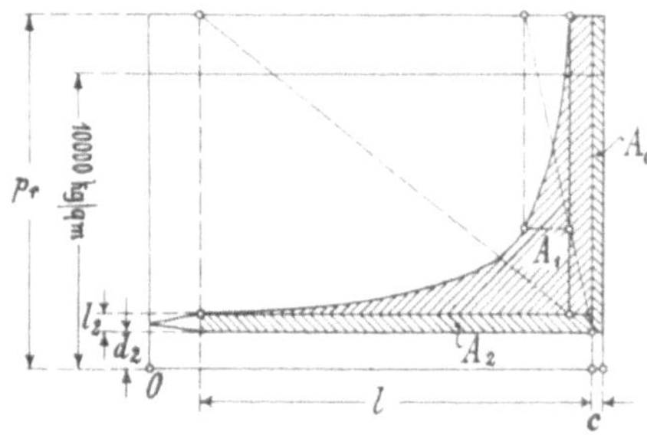

Fig. 44.

Vorstehende rein theoretische Erörterungen lassen bereits einen Vergleich zwischen der Naßluftpumpe mit Saugventilen und der mit Schlitzeinströmung zu. Unter Anlehnung an die bei Beginn dieses Kapitels angeführten Zahlenwerte werde gesetzt:

$$l = 1000 \text{ cdcm},$$

$$p_0 = 1500 \text{ kg/qm},$$

$$p_1 = 12000 \text{ ,,}$$

$$l_2 = 700 \text{ ,,}$$

$$d_2 = 800 \text{ ,,}$$

$$l_s = 400 \text{ ,,}$$

$$l' = \frac{l_2}{l_s} \cdot l = 1750 \text{ cdcm}.$$

Damit ist der Arbeitsbedarf für die Luftförderung bei der Pumpe mit Saugklappen:

$$A_l = 400 \cdot 1{,}75 \cdot ln \frac{11200}{400} = 2331 \text{ mkg.}$$

Die Pumpe mit Schlitzeinströmung erfordert hierfür:

$$A_1 + A_2 = 700 \cdot 1 \cdot ln \frac{11200}{700} + 700 \cdot 1 = 2639 \text{ mkg.}$$

Der Arbeitsbedarf ist im letzteren Falle unter den angenommenen Verhältnissen rd. 13 % größer. Man erreicht jedoch durch die Schlitzeinströmung, daß das im Pumpenzylinder erzeugte Vakuum auch in den Kondensator übertragen wird. Ist daher die Höhe des Vakuums vorgeschrieben, so kommt man bei der Pumpe mit Schlitzeinströmung mit kleineren Zylinderabmessungen und geringerem Kaaftbedarf aus als bei der Pumpe mit Saugklappen.

Das Hubvolumen während der Dauer der Schlitzöffnung geht natürlich für die Luft- und Kondensatförderung verloren. Da es jedoch im allgemeinen nur 10—15 % des ganzen Kolbenhubvolumens beträgt, so ist der Liefergrad der Schlitzpumpe

$$\lambda' = 0{,}85 \text{—} 0{,}9,$$

gegenüber etwa 0,6 bei der mit Saugklappen ausgerüsteten Pumpe.

Eine weitere beträchtliche Verschlechterung des Liefergrades, die sich der rechnerischen Behandlung indes vollständig entzieht, tritt dadurch ein, daß ein Teil der Luft während des Druckhubes vom Wasser absorbiert und infolgedessen nicht fortgedrückt wird. *) Bei dem folgenden Saughub wird die Luft unter dem Einflusse des Vakuums wieder frei. Deshalb befindet sich im Zylinder bei Freilegen der Einströmungsschlitze nicht bloß Dampf von der Spannung d_2, sondern auch Luft von der Spannung l_3. Bei der Naßluftpumpe mit Saugklappen ist l_3 der Luftdruck, der am Ende des Saughubes im Zylinder herrschen würde, wenn die Saugklappen geschlossen gehalten würden. Den tatsächlichen Liefergrad der Pumpe λ erhält man daher erst, wenn man den vorher berechneten Wert λ' mit

$$\lambda'' = \frac{l_2 - l_3}{l_2}$$

multipliziert, also

$$\lambda = \lambda' \cdot \frac{l_2 - l_3}{l_2}.$$

Den Wert λ'' gibt Dubbel **) für die nasse Luftpumpe zu 0,7 an. Man kann daher bei einstufigen Pumpen etwa mit folgenden Liefergraden rechnen:

bei Saugklappen . . . . . . $\lambda = 0{,}7 . 0{,}6 = 0{,}42$,

„ Saugschlitzen . . . . . . $\lambda = 0{,}7 . 0{,}85 = \sim 0{,}60$.

---

*) „Engineering" 28. Aug. 1908, S. 288.

**) A. a. O. S. 214.

λ'' kann unter Umständen noch weit schlechter sein als 0,7. Das geht aus dem Verlauf der Rückexpansionslinie des Diagramms (Fig. 48) hervor, welches ohne Schnüffelung an der mit Saugklappen versehenen Naßluftpumpe einer Dampfmaschinen-Einspritzkondensation aufgenommen ist.

Daß der Liefergrad der einstufigen Naßluftpumpen von der üblichen Bauart tatsächlich nicht größer ist als oben angegeben, folgt auch aus den großen Abmessungen, mit denen diese Pumpen für die Dampfmaschinen-Einspritzkondensationen ausgeführt werden. Sie erhalten meist ein Hubvolumen gleich dem 100—120 fachen des aus dem Dampfe niedergeschlagenen Kondensates bei 25—30 facher Einspritzwassermenge. (Die „Hütte"*) gibt an: „Bei Dampfmaschinen mit eigener nasser Luftpumpe bemißt man die Luftpumpe für den Dampfverbrauch der normalen Vollbelastung so, daß die Wasserförderung bei einem Kühlwasserverhältnis $w = 29$, also $w + 1 = 30$, mit $^1/_4$ Füllung der Pumpe bewältigt wird.")

Man rechnet unter diesen Verhältnissen mit einem Vakuum von etwa 85 % bei $t_1 = 20^0$ C. Kühlwassertemperatur. Nach Weiß**) ist bei $t_1 = 20^0$ C. und 25 fachem Kühlwasserverhältnis die Kühlwasserabflußtemperatur:

$$t_2 = 20 + \frac{570}{25} = \text{rd. } 43^0 \text{ C.},$$

dem entspricht bei einer normalen Mischkondensation ein Dampfdruck im abgesaugten Gemisch von:

$$d_2 = \sim 850 \text{ kg/qm}.$$

Demgemäß ist der Luftdruck

$$l_2 = 1500 - 850 = 650 \text{ kg/qm}.$$

Die in den Kondensator gelangende Luftmenge von atmosphärischem Druck beträgt nach Weiß***) für 1 kg Dampf

1. aus dem Kühlwasser . . . . . 0,02 . 25 = 0,5 cdcm,
2. durch Undichtigkeiten . . . . . 1,8 „ ,

also insgesamt 2,3 cdcm von atmosphärischem Druck bezw.:

$$2{,}3 \cdot \frac{10000}{650} = \text{rd. } 35 \text{ cdcm}$$

vom Druck 650 kg/qm an der Gemischabsaugestelle.

Da auf 1 cdcm kondensierten Dampf ein Hubvolumen der Naßluftpumpe von 100—120 cdcm kommt, so entfallen 75—95 cdcm allein auf die Luftförderung. Dem Verhältnis des tatsächlich zu fördernden Luftvolumens zu dem hierzu verfügbaren Hubvolumen entspricht somit ein Liefergrad von 0,37—0,47.

---

*) Bd. I, 1905, S. 1056.

**) A. a. O. S. 14.

***) A. a. O. S. 29 und 39.

Je größer das am Hubende zwischen Kolben und Druckventilen befindliche Wasservolumen ist, um so mehr Luft kann während des Druckhubes absorbiert werden, um so schlechter wird der Liefergrad der Naßluftpumpe. Dieser Raum ist deshalb möglichst klein zu machen. Man

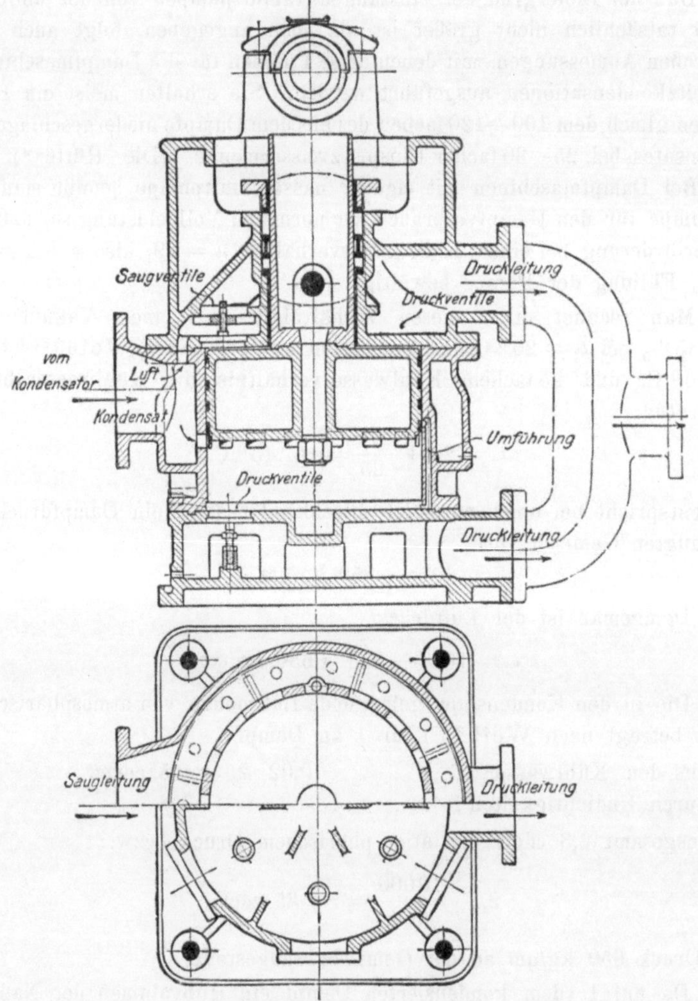

Fig. 45 und 46 (nach Josse).

kann ihn im Gegensatz zu der reinen Wasserpumpe geradezu als schädlichen Raum bezeichnen.

Daß es möglich ist, durch Verringerung des schädlichen Raumes auf ein Minimum den Liefergrad der Naßluftpumpe ganz beträchtlich zu erhöhen, zeigt die doppeltwirkende Naßluftpumpe von Josse, Fig. 45,

46, 47 *), welche mit der unteren Kolbenseite das Kondensat und einen Teil der Luft, mit der oberen Kolbenseite Luft fördert. Das Kondensat gelangt durch Schlitze in den Zylinder, während die Luft auf der oberen Kolbenseite durch Metallventile von sehr kleiner Masse und infolgedessen geringem

Fig. 47 (nach Josse).

Widerstand angesaugt wird. Auf Grund von Versuchen gibt Josse**) das Vakuum, bei dem diese Pumpe aufhört zu fördern (Liefergrad = 0), zu

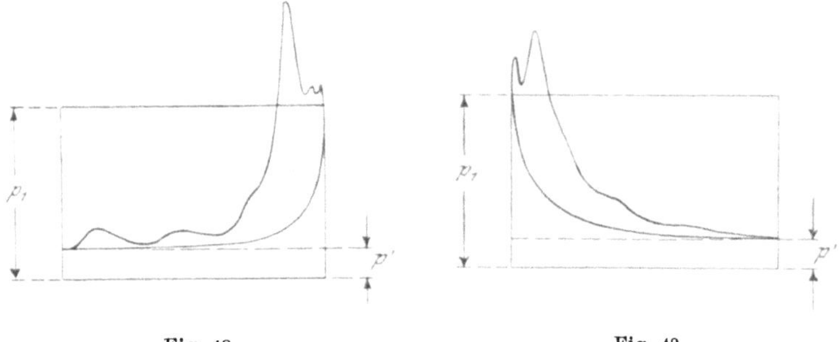

Fig. 48. Fig. 49.

96,7 % an. Dieser Wert ist für eine Naßluftpumpe mit nur einstufiger Kompression ganz außerordentlich hoch und läßt auf einen entsprechend günstigen Liefergrad bei einem normalen Vakuum von 90—95 % schließen.

---

*) Z. d. V. d. Ing. 1909, S. 377 ff.
**) Z. d. V. d. Ing. 1909, S. 408.

Gelangt nur wenig Luft in den Kondensator, so ist das Kompressionsverhältnis:

$$\frac{p_1 - d_2}{l_s}$$

sehr groß und die Kompressionslinie steigt infolgedessen sehr steil an, wie das Diagramm, Fig. 48, zeigt. Die Folge davon ist meist ein harter Schlag auf Kolben und Ventile. Durch Einschnüffeln von Luft kann eine langsamere Drucksteigerung erzielt und der Schlag beseitigt werden. Den Einfluß der Schnüffelung zeigt das an der gleichen Pumpe aufgenommene Diagramm (Fig. 49). Da die Schnüffelung nicht nur während der Kompressions-, sondern auch während der ganzen Saugperiode wirksam ist, so ist auch der Verlauf der Rückexpansionslinie weniger steil. Daß dadurch der Liefergrad sehr ungünstig beeinflußt wird, lehrt ein Vergleich der Rückexpansionslinien der beiden Diagramme (Fig. 48 und 49). Es wäre richtiger, an Stelle des selbsttätigen Schnüffelventils einen kleinen gesteuerten Schieber anzubringen, welcher bloß während des Anfanges der Druckperiode Luft einläßt. Da der Schieber sehr klein gehalten werden könnte, ist kaum eine Komplikation der Pumpe damit verbunden.

14. Kapitel.

Die zweistufige Naßluftpumpe.

Zur Erhöhung des Liefergrades der Naßluftpumpe wird vielfach auch mehrstufige — in der Regel zweistufige — Luftkompression angewandt. Fig. 50 und 51 zeigt eine Ausführung mit 2 Zylindern von verschiedenem Durchmesser. Eine ähnliche Pumpe ist in der Z. d. V. d. Ing. 1905, S. 2104 (Fig. 105) dargestellt; der Niederdruckluftzylinder hat Saugschlitze und Druckventile, der Hochdruckzylinder Saug- und Druckventile. Hierbei erfolgt in der Niederdruckstufe nur eine geringe Kompression des mit Kondensatorspannung angesaugten Gemisches; dementsprechend findet auch nur eine geringe Absorption und Rückexpansion von Luft statt. Die vollkommenste Konstruktion auf diesem Gebiete ist die Doerfelsche Verbundluftpumpe mit Differentialkolben, welche gleichzeitig in einfacher Weise, ohne Verschlechterung des Vakuums durch Schnüffelung, stoßfreien Gang und hohe Umdrehungszahlen ermöglicht. Diese Pumpe hat deshalb große Verbreitung gefunden und wird in nur unwesentlich verschiedener Konstruktion mit Vorliebe für Turbinenkondensationen verwendet, soweit man die Naßluftpumpe bevorzugt.

Fig. 52 stellt die Pumpe schematisch dar. Fig. 53 zeigt eine Ausführung mit Saugklappen auf der Niederdruckseite, Fig. 54 und 55 mit Schlitzeinströmung. Letztere ist aus den bei Behandlung der einstufigen Pumpe angeführten Gründen vorzuziehen, wenn man das höchstmögliche Vakuumerreichen will; es ist die bei Turbinenkondensation übliche Konstruktion. Die Wirkungsweise werde an Hand der Fig. 52 erläutert.

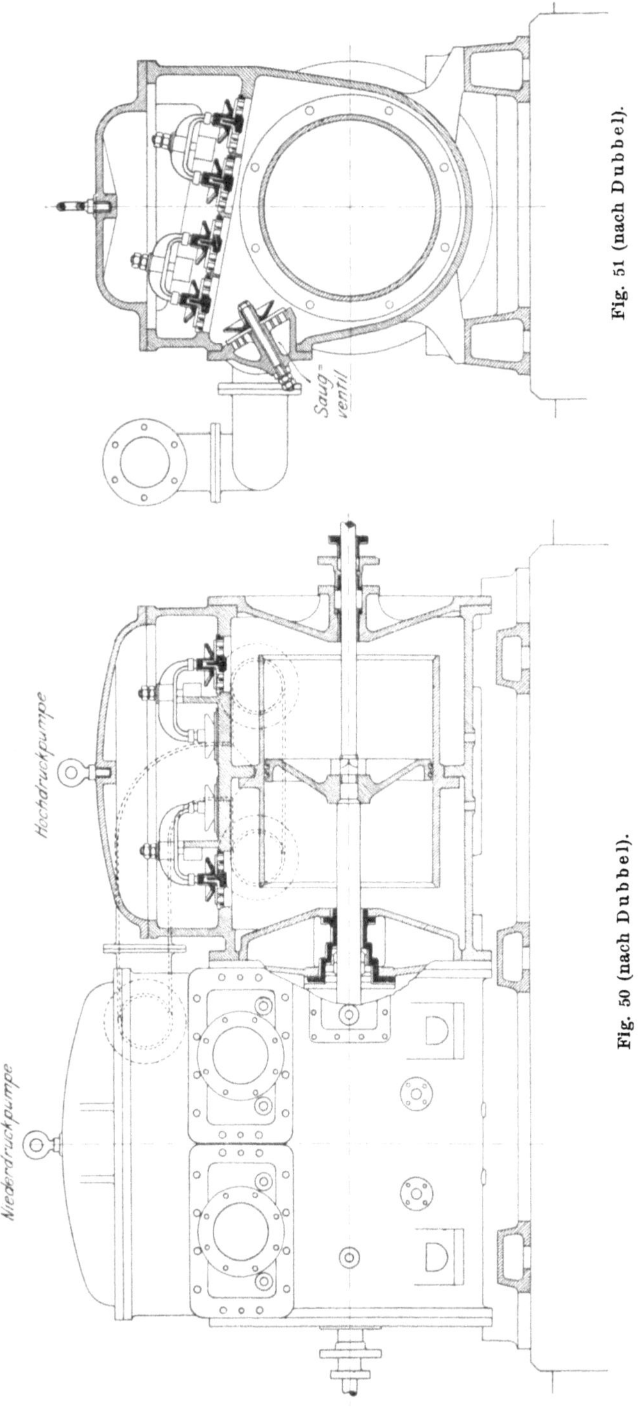

Fig. 51 (nach Dubbel).

Fig. 50 (nach Dubbel).

Das Kondensat zusammen mit dem Luftdampfgemisch tritt bei der gezeichneten Höchststellung des Differentialkolbens K aus dem Saugraum S,

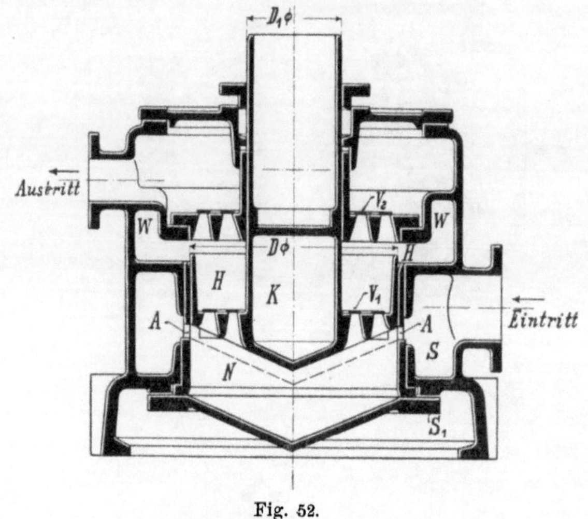

Fig. 52.

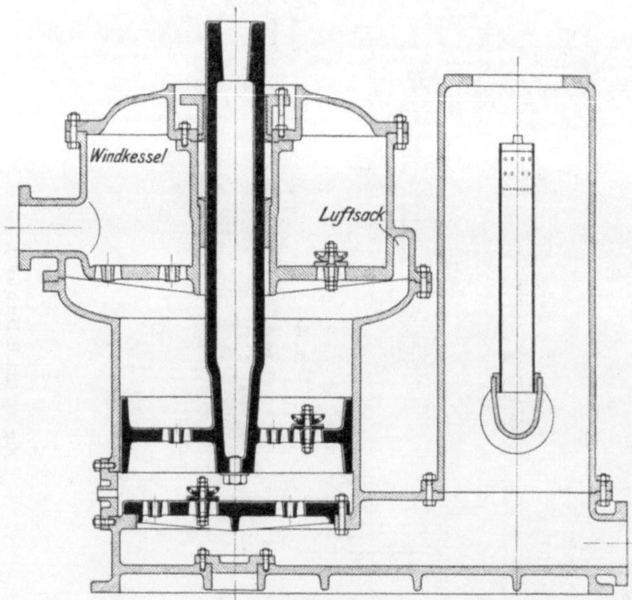

Fig. 53 (nach Dubbel).

der mit dem Kondensator in Verbindung steht, durch die Schlitze A der Zylinderlaufbüchse unter den Kolben. Der nutzbare Niederdruckhub beginnt bei der punktierten Kolbenstellung nach Überschneiden der Schlitze. Ist der Druck beim Kolbenniedergang auf beiden Kolbenseiten gleich geworden, so beginnt der Übertritt des Gemisches durch die Kolbenventile V_1 aus dem Niederdruckraum N in den Hochdruckraum H, der von dem oberen kreisringförmigen Raum des Kolbens gebildet wird. Da das Überdrücken bei ganz geringem Druck — 0,2 bis 0,3 Atm. abs. — stattfindet, so wird eine Absorption von Luft durch das Kondensat, welches den unteren schädlichen Raum bei Totpunktstellung ausfüllt, fast ganz vermieden. Außerdem pflegt man diesen schädlichen Raum noch möglichst klein zu gestalten. Man kann deshalb bei diesen Pumpen auf einen Liefergrad von mindestens 0,9, bezogen auf das nutzbare Hubvolumen der Niederdruckstufe, rechnen. Während des Kolbenaufganges wird das im Hochdruckraum H befindliche Gemisch bis auf äußeren Druck komprimiert und durch die Ventile V_2 fortgedrückt. H steht ständig mit dem Windkessel W in Verbindung. Dadurch wird ein allmähliches Ansteigen der Kompressionslinie bewirkt. Bei dem Kolbenniedergang expandiert der Windkesselinhalt bis zum Beginn des Gemischübertrittes von N nach H. Die sanft ansteigende Kompressions- und Rückexpansionslinie in H ermöglicht sehr hohe Umdrehungszahlen ohne jeden Druckwechsel im Gestänge, wie später bei Aufzeichnung der Diagramme dieser Pumpe gezeigt wird. Die Erzielung einer hohen Umlaufzahl erfordert außerdem noch geeignete Ventilkonstruktionen. Insbesondere müssen die Ventile mit möglichst geringer Masse ausgeführt werden. Zweckmäßig sind Ringventile aus dünnem Blech mit Federbelastung. Ventile aus Deltametall, Messing oder Aluminiumbronze von besonders hoher Festigkeit und nur 0,4—0,5 mm Stärke haben sich hierfür bewährt.

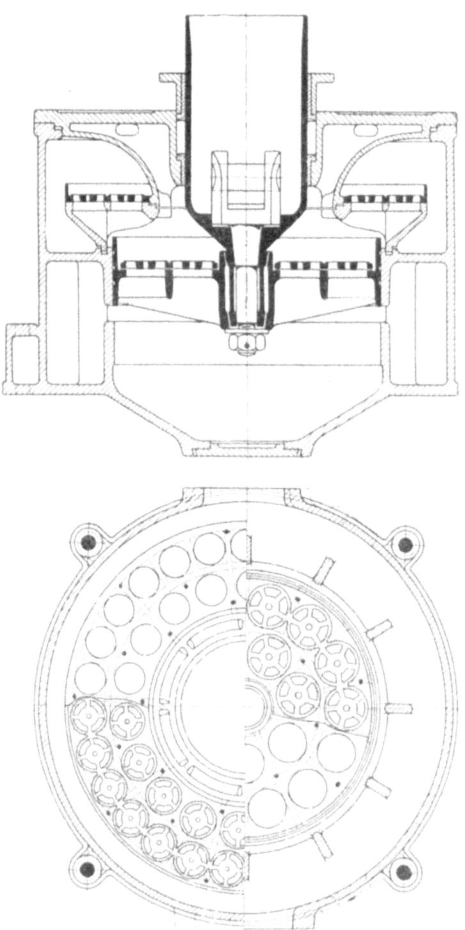

Fig. 54 und 55 (nach Dubbel).

Während des ganzen Arbeitsvorganges bleibt der von der Kondensattemperatur abhängige Dampfdruck d_2 konstant. Deshalb können — genau wie bei der einstufigen Naßluftpumpe — die Kompressions- und Expansionslinien so konstruiert werden, als ob nur Luft vorhanden wäre, für welche die Nullinie um die Höhe des Dampfdruckes d_2 gegen die absolute Nullinie verschoben ist.

Die geschilderte Wirkungsweise der Differentialnaßluftpumpe wird durch das Druckdiagramm, Fig. 56, veranschaulicht:

Im Punkte 1 beginnt während des Kolbenaufganges das Freilegen der Schlitze. Der absolute Druck der Niederdruckstufe ist nahezu auf d_2 gefallen. (Er würde ganz bis auf d_2 sinken, wenn das bei der unteren Totpunktstellung den schädlichen Raum unter dem Kolben füllende Kondensat absolut luftfrei wäre.) Während der Schlitzöffnungsdauer, auf

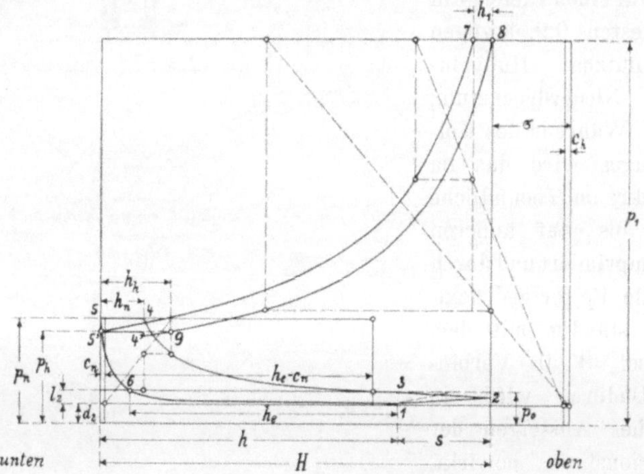

Fig. 56. 1 mm = 250 kg qm.

dem Kolbenwege 1—2—3 treten Kondensat, Luft- und Dampfgemisch unter den Kolben, der Druck steigt dabei auf $l_2 + d_2$. Bei richtiger Bemessung des Schlitzquerschnittes und der Eröffnungsdauer ist der Ausgleich im Punkte 3 gerade vollendet. Während des Kolbenniederganges wird auf dem Wege 3—4 die Luft isothermisch komprimiert und von 4—5 Luft, Dampf und Kondensat auf die Hochdruckseite übergedrückt. Die Überdrucklinie steigt genau genommen von 4—5 an, da das gemeinsame Hoch- und Niederdruckvolumen gleichzeitig abnimmt. Diese Druckerhöhung ist bei der Kürze der Linie 4—5 so gering, daß sie im Vergleich zu den viel größeren Ventilwiderständen vernachlässigt werden kann. Die Überdruckperiode 4—5 auf der Niederdruckseite ist identisch mit der Saugperiode 4′—5′ auf der Hochdruckseite. Die Linie 4′—5′ liegt dem Ventilwiderstand entsprechend tiefer als 4—5. Während des Kolbenaufganges wird auf der Niederdruckseite die Luft, die in dem Kondensat absorbiert war, welches bei der unteren Totpunktstellung den schädlichen Raum ausfüllte, frei und expandiert etwa nach der Linie 5—6—1. Das der Hubstrecke 6—3 $= h_e$ entsprechende Volumen tritt somit bei jedem Hub neu in die Pumpe ein. Bezogen auf den nutzbaren Hub h ist demnach der Liefergrad:

$$\lambda = \frac{h_e}{h}.$$

Auf der Hochdruckseite erfolgt während des Kolbenaufganges auf dem Wege 5'—7 Kompression der Luft bis auf äußeren Druck, von 7—8 Fortdrücken von Luft, Dampf und Kondensat; beim Kolbenniedergang expandiert der Inhalt des Windkessels W von der Überdruckspannung p_1 auf den Zwischendruck p_h nach der Linie 8—4'.

Um die Hauptvorzüge dieser Pumpe zu kennzeichnen, ist, ausgehend von dem theoretischen Indikatordiagramm (Fig. 56), in den Fig. 57 und 58 auch das resultierende Druck- und Beschleunigungsdiagramm konstruiert. Zugrunde gelegt sind folgende Bezeichnungen und Abmessungen:

$p_0 =$ 1000 kg/qm . . . . = absoluter Kondensatordruck, bestehend aus:
$d_2 =$ 600 „ . . . . . = absolute Dampfspannung und
$l_2 =$ 400 „ . . . . . = „ Luftspannung,
$p_1 =$ 12000 „ . . . . . = „ Überdruckspannung auf der Hochdruckseite,
$b =$ 10000 „ . . . . . = atmosphärischer Luftdruck,
$H =$ 125 mm . . . . . = ganzer Kolbenhub,
$s =$ 30 „ . . . . . . = Schlitzhöhe,
$h =$ 95 „ . . . . . . = $H - s$ = nutzbarer Kolbenhub,
$D =$ 350 „ . . . . . . = Durchmesser des Niederdruckkolbens,
$D_1 =$ 190 „ . . . . . . = „ „ Differentialkolbens.

Hieraus folgt:

$F = \frac{\pi}{4} \cdot D^2 = 962$ qcm . . . . = Querschnitt der Niederdruckkolbenfläche,

$f' = \frac{\pi}{4} \cdot D_1^2 = 284$ „ . . . . . = Querschnitt der Differentialkolbenfläche,

$f = \frac{\pi}{4} \cdot (D^2 - D_1^2) = 678$ qcm . = Querschnitt der Hochdruckkolbenfläche,

$V_n = F \,.\, H = 12025$ ccm . . . . = Niederdruckhubvolumen,
$V_h = f \,.\, H = 8475$ ccm . . . . = Hochdruckhubvolumen,
$S = 1725$ ccm . . . . = Inhalt des Windkessels W, entsprechend einem Hockdruckkolbenhub:

$$\sigma = S \cdot \frac{H}{V_h} = 25{,}4 \text{ mm},$$

$v = F \cdot h = 9139$ ccm . . . . . . = nutzbares Niederdruckhubvolumen (zugehöriger Kolbenhub $h = 95$ mm),

$\lambda = 0{,}9$ . . . . = Liefergrad der Niederdruckseite,

$\left\{\begin{array}{l} v^e = \lambda \cdot v = 8225 \text{ ccm} \\ h_e = \dfrac{v_e}{F} = 85{,}5 \text{ mm} \end{array}\right.$ . . . . . . = effektives Niederdruckhubvolumen, = zugehöriger Kolbenhub,

bestehend aus:

$\left\{\begin{array}{l} c = 125 \text{ ccm} \\ c_n = 125 \cdot \dfrac{H}{V_n} = 1{,}3 \text{ mm} \end{array}\right.$ . . . . . . = Kondensatvolumen, = zugehöriger Kolbenhub

und:

$\left\{\begin{array}{l} g = v_e - c = 8100 \text{ ccm} \\ h_e - c_n = 84{,}2 \text{ mm} \end{array}\right.$ . . . . . . = Luft- und Dampfgemisch, = zugehöriger Kolbenhub,

$c_h = 125 \cdot \dfrac{H}{V_h} = 1{,}845$ mm . . . = Hochdruckhub zum Überdrücken des Kondensates.

Der Luftdruck beträgt während der Hochdruck-Überdruckperiode:

$$p_1 - d_2 = 11400 \text{ kg/qm}.$$

Bei Beginn des Überdrückens beträgt daher das Luftvolumen:

$$g_1 = \frac{g \cdot l_2}{p_1 - d_2} = \frac{8100 \cdot 400}{11400} = 284 \text{ ccm}.$$

Das ganze auf der Hochdruckseite überzudrückende Volumen beträgt daher:

$$v_1 = c + g_1 = 125 + 284 = 409 \text{ ccm}$$

und der entsprechende Hubweg:

$$h_1 = v_1 \cdot \frac{H}{V_h} = 409 \cdot \frac{125}{8475} = 6{,}03 \text{ mm}.$$

Abgesehen von dem konstanten Wasservolumen, welches bei der oberen Totpunktstellung über dem Kolben steht, und welches ohne Einfluß auf alle Vorgänge bleibt, befindet sich auf der Hochdruckseite über dem Kolben:

a) bei der unteren Totpunktstellung des Kolbens:

Kondensat vom Volumen . . . . . . $c = 125$ ccm,
Luft- und Dampfgemisch vom Volumen . $S + V_h - c = 10075$ ccm;

b) bei Beginn der Überdruckperiode:

Kondensat vom Volumen . . . . $c = 125$ ccm,
Luft- und Dampfgemisch vom Volumen . . $S + g_1 = 2009$ ccm,
mit dem Partial-Luftdruck . . . . . . $p_1 - d_2 = 11400$ kg/qm.

Hieraus folgt der Luftdruck $(p_h - d_2)$ bei Beginn der Kompression auf der Hochdruckseite:

$$p_h - d_2 = \frac{(p_1 - d_2) \cdot (S + g_1)}{S + V_h - c} = \frac{11400 \cdot 2009}{10075} = 2270 \text{ kg/qm},$$

$$p_h = 2270 + 600 = 2870 \text{ kg/qm}.$$

Das Luftvolumen beträgt bei dem Druck $p_h - d_2$:

$$v_h - c = \frac{g \cdot l_2}{p_h - d_2} = \frac{8100 \cdot 400}{2270} = 1425 \text{ ccm}.$$

Das Hochdruck-Saugvolumen ist somit:

$$v_h = 1425 + c = 1425 + 125 = 1550 \text{ ccm}.$$

Diesem entspricht ein Hub:

$$h_h = v_h \cdot \frac{H}{V_h} = 1550 \cdot \frac{125}{8475} = 22{,}8 \text{ mm}.$$

Zu dem gleichem Ergebnis muß man auch auf folgendem Wege kommen:

Bei Kolbenstellung entsprechend Diagrammpunkt 8 befindet sich über dem Kolben das Luftvolumen S vom Drucke $(p_1 - d_2)$; bei Kolbenstellung 9 beträgt das Volumen $(S + V_h - v_h)$ mit dem Luftdruck $(p_h - d_2)$. Somit ist:

$$S + V_h - v_h = \frac{p_1 - d_2}{p_h - d_2} \cdot S = \frac{11400}{2270} \cdot 1725 = 8650 \text{ ccm},$$

$$v_h = 1725 + 8475 - 8650 = 1550 \text{ ccm}.$$

Die Überdruckspannung p_n auf der Niederdruckseite hängt von dem Ventilwiderstand ab, der natürlich je nach Ventilkonstruktion und Querschnitt, Tourenzahl und erforderlicher Federbelastung verschieden groß sein kann. Er werde angenommen zu 430 kg/qm; dann ist:

$$p_n = p_h + 430 = 3300 \text{ kg/qm}.$$

Das Luftvolumen $(v_n - c)$ ergibt sich hierbei:

$$(v_n - c) = \frac{l_2}{p_n - d_2} \; g = \frac{400}{2700} \cdot 8100 = 1200 \text{ ccm}.$$

Somit ist v_n:

$$v_n = 1200 + 125 = 1325 \text{ ccm}.$$

Diesem Volumen entspricht ein Niederdruck-Hubweg:

$$h_n = v_n \cdot \frac{H}{V_n} = 1325 \; \frac{125}{12025} = 13{,}8 \text{ mm}.$$

Er setzt sich zusammen aus:

$h_n - c_n = 12{,}5$ mm zum Überdrücken von Luft und Dampf,

$c_n \quad = 1{,}3$ mm „ „ des Kondensates.

In Fig. 57 sind die absoluten Drucklinien während eines Kolbenspiels aufgezeichnet. Von der Nullinie ausgehend nach oben die auf die

Niederdruckfläche F wirkenden Drücke, entsprechend Linie $a\,b\,c$, nach unten die auf die Hochdruckkolbenfläche f wirkenden absoluten Drücke, reduziert auf den Niederdruckquerschnitt, entsprechend Linie $d\,e\,f$. Durch

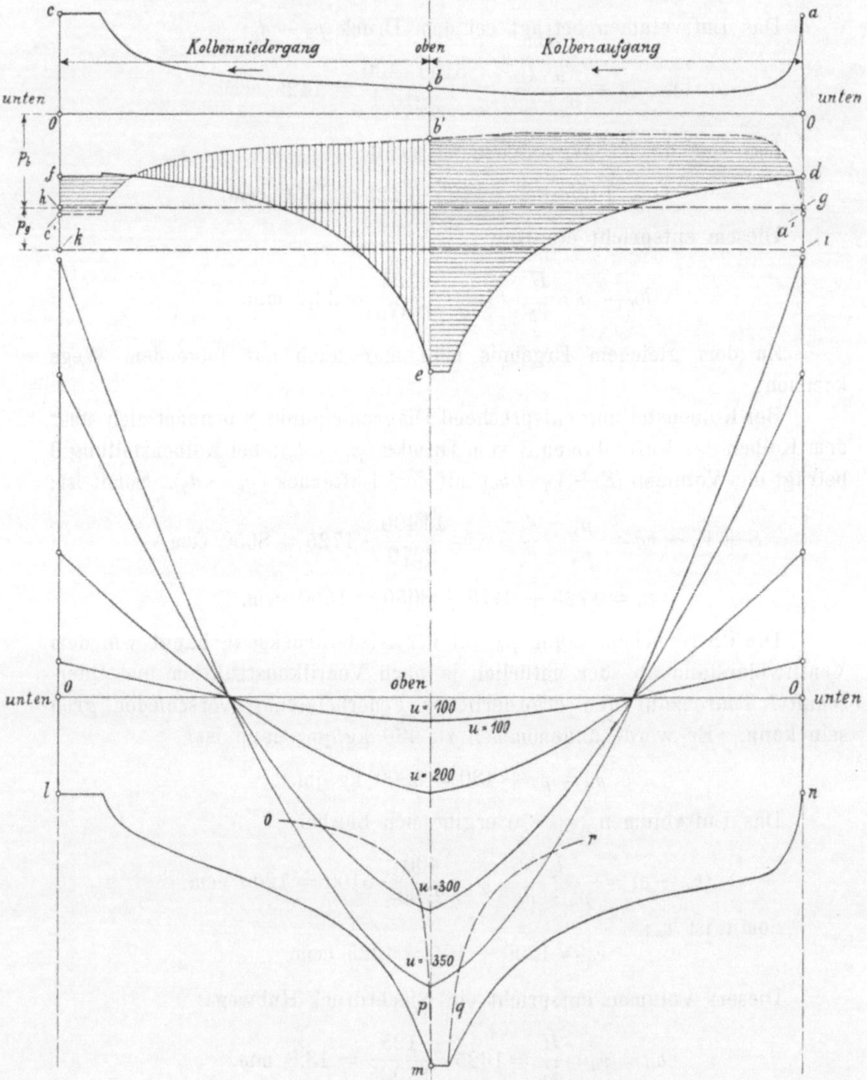

Fig. 57 und 58. 1 mm = 250 kg/qm.

Umklappen der Linie $a\,b\,c$ um die Nullinie findet sich die gestrichelte Linie $a'\,b'\,c'$. Der Abstand zwischen $a'\,b'\,c'$ und $d\,e\,f$ stellt die resultierenden, auf F reduzierten, absoluten indizierten Drücke dar. Dabei ist zu beachten, daß die Drücke innerhalb der vertikal schraffierten Flächen im

Sinne der Kolbenbewegung, innerhalb der horizontal schraffierten Flächen entgegengesetzt der Kolbenbewegung wirken. Die aufzuwendende indizierte Arbeit wird deshalb durch die Differenz der horizontal und vertikal schraffierten Flächen veranschaulicht.

Zu diesen Kräften kommen noch zwei weitere, ständig von oben nach unten wirkende Kräfte:

1. Der atmosphärische Luftdruck $b = 10000$ kg/qm auf die Differentialkolbenfläche f'.
2. Das Gewicht der hin- und hergehenden Massen.

Der erstere Wert, reduziert auf die Niederdruckkolbenfläche, beträgt:

$$p_b = 10000 \cdot \frac{284}{962} = 2950 \text{ kg/qm},$$

p_b wird durch die Paralle gh zur Nullinie dargestellt. Das Gewicht der hin- und hergehenden Massen ist aus der Zeichnung der betr. Pumpe berechnet zu 135 kg; d. i. bezogen auf die Niederdruckfläche F:

$$p_g = 10000 \cdot \frac{135}{962} = 1400 \text{ kg/qm}.$$

Dieser Wert ist in Fig. 57 durch die Parallele ik zur Nullinie im Abstand p_g von gh dargestellt.

In Fig. 58 ist die graphische Addition von p_b und p_g mit den resultierenden indizierten Drücken vorgenommen, wodurch sich die Linie lmn findet. Die Abstände zwischen ihr und der Nullinie geben ohne Berücksichtigung der Massenbeschleunigung den pro Quadratzentimeter Niederdruckfläche auf den Kurbelzapfen ausgeübten Druck wieder. Er ist, wie Fig. 58 zeigt, immer nach unten gerichtet. Ferner sind in Fig. 58 die Beschleunigungsdrucklinien für n = 100, 200, 300, 350 minutliche Umdrehungen eingetragen, so daß die Abstände zwischen ihnen und Linie lmn die tatsächlich auf den Kurbelzapfen ausgeübten vertikalen Drücke darstellen. Hierbei ist die Pleuelstangenlänge $= 2{,}5 \,.\, H$ angenommen. Die berechneten Beschleunigungsdrücke sind in der Zahlentafel 13 zusammengestellt.

Das Diagramm zeigt, daß auch infolge der Beschleunigungsdrücke bei Umdrehungszahlen bis etwas über 350 in der Minute kein Druckwechsel im Gestänge auftritt. Der resultierende Druck ist bei allen Kolbenstellungen nach unten gerichtet, eine Folge des ständig auf die Fläche $f' = \frac{\pi}{4} \cdot D_1^2$ wirkenden atmosphärischen Luftdruckes einerseits und der sanft ansteigenden und abfallenden Verdichtungs- und Rückexpansionslinie in der Hochdruckstufe andrerseits. Der günstige Verlauf dieser Linie ist durch den Windkessel W erreicht, dessen Inhalt beim Kolbenaufgang komprimiert wird, während des Kolbenniederganges expandiert.

Die in Fig. 58 einpunktierte Linie $opqr$ gibt den ungefähren Verlauf der resultierenden Drucklinie in der Nähe des oberen Totpunktes wieder, für den Fall, daß bei der gleichen Pumpe der Windkessel weggelassen wäre. Obgleich dabei eine gewisse Rückexpansion von im Wasser absorbierter Luft angenommen ist, zeigt diese Kurve schon bei Umdrehungszahlen unter 300 einen harten Druckwechsel. Ferner würde das schnelle Ansteigen der Hochdruckkompressionslinie mit Wasserschlägen auf Kolben und Ventile verbunden sein.

Bei Verwendung der Pumpe für 350 minutliche Umdrehungen ist zu beachten, daß der maximale Druck, für den das Gestänge zu berechnen ist, infolge der Massenbeschleunigung bei der tiefsten Kolbenstellung eintritt und ungefähr 1,75 kg/qcm Niederdruckfläche beträgt. Ohne Berücksichtigung des Beschleunigungsdruckes würde der größte Konstruktionsdruck bei der höchsten Kolbenstellung auftreten und ungefähr 1,2 kg/qcm Niederdruckfläche betragen.

15. Kapitel.

Kraftbedarf der Differential-Naßluftpumpe.

Der indizierte Kraftbedarf der Differential-Naßluftpumpe ist theoretisch der gleiche wie derjenige der einstufigen Naßluftpumpe mit Schlitzeinströmung. Daher beträgt nach Gleichung (42) und (43) (13. Kap.) für die bloße Luftförderung:

$$A_l = A_1 + A_2 = l_2 \cdot \frac{l}{1000} \cdot \left(1 + ln \frac{p_1 - d_2}{l_2}\right) \text{ mkg}$$

oder für 1 cbm abzusaugender Luft:

$$A_L = l_2 \cdot \left(1 + ln \frac{p_1 - d_2}{l_2}\right) \text{ mkg.}$$

Der tatsächlich indizierte Arbeitsbedarf ist größer wegen der Einflüsse des Liefergrades, der Absorption von Luft und der Widerstände beim Übertritt von der Niederdruck- zur Hochdruckstufe. Er dürfte etwa $1{,}4 \,.\, A_L$ betragen. In diesen Wert soll auch die Arbeit zur Kondensatförderung eingeschlossen sein:

$$A_L' = 1{,}4 \cdot A_L = 1{,}4 \cdot l_2 \cdot \left(1 + ln \frac{p_1 - d_2}{l_2}\right) \text{ mkg.} \qquad (44)$$

Mit den dem Rechnungsbeispiel zugrunde gelegten Werten würde sich somit ergeben:

$$A_L' = 1{,}4 \cdot 400 \cdot \left(1 + ln \frac{11400}{400}\right) = 2440 \text{ mkg.}$$

Bei dem gleichen absoluten Kondensatordruck, aber einem Partialdruck der Luft von nur 200 kg/qm würde sich ergeben:

$$A_L' = 1{,}4 \cdot 200 \cdot \left(1 + ln \frac{11200}{200}\right) = 1125 \text{ mkg.}$$

Der indizierte Kraftbedarf der Naßluftpumpe ändert sich also ganz beträchtlich mit dem Luftgehalt des angesaugten Gemisches. Bei der trockenen Vakuumpumpe ist er dagegen praktisch unabhängig von der Zusammensetzung des Gemisches; er war für die absolute Saugspannung von 1000 kg/qm berechnet zu:

$$L_a = 4300 \text{ mkg},$$

also wesentlich höher als bei der Naßluftpumpe.

Während nun der indizierte Kraftbedarf der doppeltwirkenden Vakuumpumpe (ebenso wie die indizierte Leistung der Dampfmaschine) nahezu gleich der durch das Gestänge übertragenen Leistung ist, ist bei der Differential-Naßluftpumpe letzterer Wert viel höher. Die Verluste durch mechanische Reibung sind bei jeder Kolbenmaschine nicht von der resultierenden im Zylinder indizierten Leistung, sondern von der ganzen durch die Gestänge hin und her wandernden Leistung abhängig. Kann man daher bei einer Dampfmaschine von 15 $PS_{ind.}$ günstigstenfalls mit einem mechanischen Wirkungsgrad von 0,80 rechnen, so ist ihre effektive Leistung:

$$0{,}80 \,.\, 15 = 12 \text{ PS}_e.$$

Der Verlust an Reibungsarbeit beträgt somit:

$$15 - 12 = 3 \text{ PS}_e.$$

Bei der Differential-Naßluftpumpe muß jedoch ganz anders gerechnet werden. Die durch das Gestänge wandernde Leistung wird in Fig. 58, unabhängig von den Beschleunigungskräften, dargestellt durch die zwischen Nullinie und Linie lmn eingeschlossene Fläche. Ihr Inhalt fand sich durch Planimetrieren des in 2,5 mal größerem Maßstabe aufgezeichneten Originaldiagramms zu:

$$17\,340 \text{ qmm},$$

hieraus ergibt sich die mittlere durch das Gestänge übertragene Kraft pro Quadratmeter Niederdruckfläche zu:

$$p_s = \frac{17\,340 \,.\, 100}{250} = 6936 \text{ kg/qm}.$$

Das effektiv in der Minute angesaugte Luftvolumen ist:

$$Q = \lambda \cdot \underbrace{\frac{F}{1000}}_{\text{qm}} \cdot \underbrace{\frac{H-s}{1000}}_{\text{m}} \cdot n.$$

Gleichzeitig wandert die Arbeit durch das Gestänge:

$$A' = p_s \cdot \frac{F}{1000} \cdot 2 \cdot \frac{H}{1000} \cdot n$$

oder für 1 cbm effektiver Saugleistung:

$$A'' = \frac{A'}{Q} = \frac{p_s \,.\, 2\,H}{\lambda \,.\, (H-s)} = \frac{6936 \,.\, 0{,}25}{0{,}9 \,.\, 0{,}095} = 20\,300 \text{ mkg}$$

Dieser Wert ist der Berechnung der Reibungsarbeit der Differential-Naßluftpumpe zugrunde zu legen. Wäre A'' der indizierte Arbeitsbedarf einer doppeltwirkenden Vakuumpumpe mit dem mechanischen Wirkungsgrad 0,80, so wäre ihr effektiver Arbeitsbedarf:

$$\frac{20\,300}{0{,}80} = 25\,400 \text{ mkg.}$$

Die Differenz:

$$25\,400 - 20\,300 = 5100 \text{ mkg}$$

wäre die in Zapfen, Kolben und Stopfbüchsen verloren gehende Reibungsarbeit. Der gleiche Betrag wird demnach auch bei der betrachteten Naßluftpumpe pro Kubikmeter effektive Saugleistung durch Reibung vernichtet.

Der effektive Arbeitsaufwand für 1 cbm effektive Saugleistung wäre hiernach je nach dem Luftgehalt der angesaugten Mischung:

$$5100 + 2440 = 7540 \text{ mkg bei } l_2 = 400,$$
$$5100 + 1125 = 6225 \quad \text{„} \quad \text{„} \quad l_2 = 200.$$

Im letzteren Falle müßte eigentlich ein etwas kleinerer Betrag für die Reibungsarbeit eingesetzt werden, da auch p_s mit abnehmendem l_2 — allerdings nur unbedeutend — abnimmt. Der untere Grenzwert des erforderlichen Arbeitsaufwandes für 1 cbm effektive Saugleistung dürfte wohl für sehr kleines l_2 und eine Pumpe von großen Abmessungen mit entsprechend höherem mechanischen Wirkungsgrad bei

$$A_n = 5000 \text{ mkg}$$

liegen.

Der Arbeitsbedarf einer trockenen Schieberluftpumpe würde für die gleiche Saugspannung und den gleichen mechanischen Wirkungsgrad von 0,8 betragen:

$$A_t = \frac{4300}{0{,}8} = \text{rd. } 5400 \text{ mkg für 1 cbm Saugleistung.}$$

Die vorstehende Rechnung zeigt, daß trotz isothermischer Kompression von der Differential-Naßluftpumpe kein Vorteil bezüglich des Kraftbedarfs gegenüber der mit Kondensatpumpe kombinierten Vakuumpumpe zu erwarten ist. Die Verhältnisse können sich zugunsten des einen oder anderen Systems je nach der Güte der Konstruktion und Werkstattausführung verschieben.

Eine Angabe über den tatsächlichen Kraftbedarf der Naßluftpumpe mit Differentialkolben findet sich in der Zeitschrift „L'industria, rivista tecnica ed economica illustrata" Jahrg. 1908, S. 289 ff. An dieser Stelle wird eine von Franco Tosi (Legnano) gelieferte Dampfturbinenanlage beschrieben. Die Naßluftpumpe, Fig. 59 und 60,*) ist in einer der Fig. 52 grundsätzlich gleichen Konstruktion ausgeführt. Die Anlage hat folgende Abmessungen:

*) Die gleiche Pumpe wird kurz auch in der Z. d. V. d. Ing. 1908, S. 1287 behandelt, der auch die Fig. 59 und 60 entnommen sind.

Leistung der Dampfturbine	. . . . . .	12000 PS_e. normal,
„ „ „	. . . .	8000 KW. „
Dampfverbrauch pro Stunde	. . . . .	50400 kg.

Die Differential-Naßluftpumpe hat folgende Abmessungen:

Durchmesser der Niederdruckkolben (D)	. . . . .	1,100 m,
Ganzer Hub (H)	. . . .	0,275 „
Minutliche Umdrehungszahl (n)	. . . .	145.

Sie ist direkt gekuppelt mit einem 80 pferdigen Elektromotor. Der Kraftbedarf beträgt nach den Angaben des genannten Aufsatzes nur 60 PS_e.,

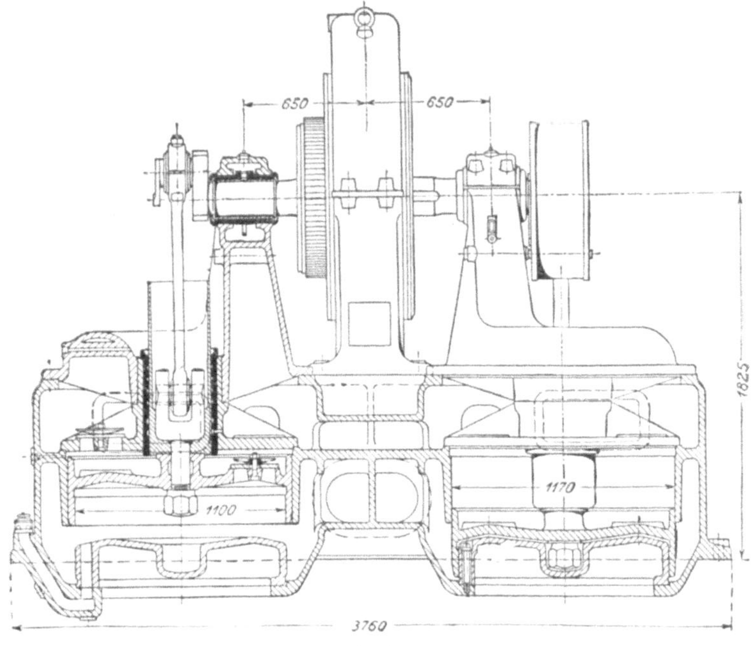

Fig. 59.

die höhere Motorleistung ist wegen des größeren Kraftbedarfs beim Anlassen gewählt.

Unter Voraussetzung, daß die Zeichnung der Naßluftpumpe in allen Teilen maßstäblich ist, beträgt der nutzbare Hub (h) 0,175 m. Hiermit ergibt sich das nutzbare stündlich von beiden Niederdruckkolben durchlaufene Volumen zu:

$$Q = 2 \cdot \frac{\pi}{4} \cdot D^2 \cdot h \cdot n \cdot 60,$$

$$Q = 2 \,.\, 0{,}95 \,.\, 0{,}175 \,.\, 145 \,.\, 60 = 2900 \text{ cbm/Std.}$$

Nimmt man an, daß das Vakuum, für welches die Kraftbedarfsangaben gemacht sind, 90 % beträgt und dabei der Liefergrad der Pumpe der gleiche ist, wie derjenige einer Vakuumpumpe, so ergibt sich nach den Berechnungen des 10. und 11. Kap. der Kraftbedarf für getrennte Luft- und Kondensatabsaugung:

1. Maximaler indizierter Kraftbedarf der Vakuumpumpe beim Anlassen

$$N_i = \frac{2900 \cdot 5000}{3600 \cdot 75} = 53{,}7 \text{ PS}_i.$$

2. Maximaler effektiver Kraftbedarf bei einem mechanischen Wirkungsgrad von 82 % (bei der großen Leistung sind 82 % nicht zu hoch gegriffen!)

$$N_e = \frac{53{,}7}{0{,}82} = 65{,}5 \text{ PS}_e;$$

Fig. 60.

sonach Reibungsarbeit:

$$65{,}5 - 53{,}7 = 11{,}8 \text{ PS}_e.$$

3. Indizierter Kraftbedarf bei 90 % Vakuum:

$$N_i = \frac{2900 \cdot 4300}{3600 \cdot 75} = 46{,}2 \text{ PS}_i;$$

somit normaler effektiver Kraftbedarf der Vakuumpumpe bei 90 % Vakuum:

$$N_L = 46{,}2 + 11{,}8 = 58 \text{ PS}_e.$$

4. Effektiver Kraftbedarf der Kondensatpumpe bei einer absoluten Gesamtförderhöhe von 14 m und einem mechanischen Wirkungsgrad von 0,4:

$$N_C = \frac{50400 \cdot 14}{3600 \cdot 75 \cdot 0{,}4} = 6{,}5 \text{ PS}_e.$$

Der normale Kraftbedarf würde hiernach betragen:

$$N = N_L + N_C = 58 + 6{,}5 = 64{,}5 \text{ PS}_e.$$

Mit Rücksicht auf das Anlassen würde es genügen, den Motor mit 70 PS_e Normalleistung auszuführen. Ein wesentlicher Unterschied im Kraftbedarf besteht also nicht zwischen beiden Pumpen. Dabei sind — wie im 9. Kap. gezeigt — durchaus keine besonders günstigen Werte für die Vakuumpumpe zugrunde gelegt. Es ist im Gegenteil leicht möglich, durch zweckmäßig konstruktive Durchbildung der Vakuumpumpe ihren Kraftbedarf noch weiter zu reduzieren. Bei der Vakuumpumpe, an der die Diagramme (Fig. 30a und 30b) genommen sind, beträgt der indizierte Arbeitsbedarf pro Kubikmeter Hubvolumen nur 3000—3100 mkg, eine Saugspannung von 1000 kg/qm vorausgesetzt. Für 2900 cbm stündliches Hubvolumen ergibt sich dann:

$$N_i = \frac{2900 \,.\, 3100}{3600 \,.\, 75} = 34{,}3 \text{ PS}_{\text{ind}}.$$

Nimmt man die Reibungsarbeit wieder mit 11,8 PS, die Kondensatförderarbeit mit 6,5 PS_e. an, so hätte bei direkter Kupplung der Elektromotor normal zu leisten:

$$N_e = 34{,}3 + 11{,}8 + 6{,}5 = 52{,}6 \text{ PS}_e.$$

Ein Motor von 60—65 PS_e würde in diesem Falle mit Rücksicht auf die höhere Belastung beim Anlassen ausreichen. Bei Riemenübertragung erhöht sich dieser Betrag um einige Prozente. Unter allen Umständen würde die gleiche Motorgröße, wie sie die erwähnte Naßluftpumpe erfordert, auch bei der getrennten Kondensat- und Vakuumpumpe ausreichen.

16. Kapitel.

Rotierende Luft- und Kondensatpumpen.

Auf allen Gebieten des Maschinenbaues ist man bemüht, die hin- und hergehende Kolbenbewegung durch rotierende Bewegung zu ersetzen. Man kommt dadurch in die Lage, große Leistungen auf kleinem Raum unterzubringen; geichzeitig wird die Zahl der Teile, welche der Wartung und Schmierung bedürfen, verringert und damit die Betriebssicherheit erhöht. Aus diesen Gründen wurde die Dampfturbine der Kolbenmaschine bereits in vielen Fällen vorgezogen, als ihr Dampfverbrauch noch größer und ihr Anschaffungspreis höher war als derjenige einer Kolbenmaschine von gleicher Leistung. Während es nun in verhältnismäßig kurzer Zeit gelungen ist, die Dampfturbine zu einer Maschine auszubilden, die in allen Teilen den höchsten Anforderungen an Betriebssicherheit und Einfachheit der Bedienung genügt, ist die zugehörige Kondensation bisher nicht immer mit der gleichen Sorgfalt durchgebildet worden. Unübersichtlichkeit der

Anordnung von Luft-, Kondensat- und Kühlerwasserpumpe, mangelhafte konstruktive Durchbildung der Einzelheiten, umständliche Schmierung durch eine größere Anzahl von Tropfölern, findet sich häufig selbst bei neueren Turbinenkondensationen. Die höhere Betriebssicherheit, welche die Dampfturbine mit ihrer rein rotierenden Bewegung und selbsttätigen Schmierung aller Teile gegenüber der Kolbenmaschine bietet, wird vielfach durch Mängel der Kondensationsanlage wieder in Frage gestellt.

Im modernen Groß-Dampfmaschinenbau ist man bemüht, durch Zentral-Ring- und -Umlaufschmierung die Wartung durch den Maschinisten auf ein Minimum zu beschränken; die Triebwerkteile werden eingekapselt, das Spritzöl wird aufgefangen und seine Wiederverwendung ermöglicht. Die von der Kolbenstangen- oder Kurbelzapfenverlängerung angetriebene Kondensationspumpe bildet mit der Maschine ein einheitliches Ganzes. Zieht man eine derartig nach modernen Gesichtspunkten durchkonstruierte Dampfmaschine in Vergleich mit einem Turboaggregat der oben gekennzeichneten Art, beispielsweise der durch Fig. 61 (aus Z. d. V. d. Ing. 1908, S. 991) dargestellten Turbinenanlage amerikanischer Herkunft, so erkennt man, daß die Dampfturbine keineswegs immer den Vorzug der größeren Einfachheit und Betriebssicherheit bietet. Bei der letzterwähnten Anlage fällt das besonders deshalb auf, weil die Kondensation auf gleichem Flur mit der Turbodynamo aufgestellt ist; bringt man sie im Maschinenhauskeller unter, entsprechend den meisten deutschen Ausführungen, so wird dieser Mißstand keineswegs beseitigt.

Bei der Dampfmaschine ist die Benutzung der gegebenen Kolbenbewegung zum Antrieb der Kondensationspumpen das naturgemäße; demgegenüber wird bei Turbinenanlagen durch Verwendung von Kolbenluftpumpen die wünschenswerte Einheitlichkeit des Aggregats immer zerstört. Das ist selbst dann der Fall, wenn direkt mit einem Elektromotor gekuppelte schnellaufende Naßluftpumpen verwendet werden; in noch höherem Maße natürlich, wenn der Pumpenantrieb durch Kolbendampfmaschinen oder mittels Riemenübertragung von einem Elektromotor aus erfolgt. Es ist daher schon lange das Bestreben der Kondensations- und Turbinenkonstrukteure, auch die Luft- und Kondensatpumpen mit rein rotierender Bewegung zwecks direkter Kupplung mit schnellaufenden Elektromotoren oder Dampfturbinen auszuführen.

Die Verwendung der Zentrifugalpumpe als Kondensatpumpe liegt nahe, bot aber zunächst Schwierigkeiten, welche teils in der meist nur geringen stündlichen Fördermenge, teils in der kleinen absoluten Zuflußhöhe begründet sind. Zur Förderung großer Kondensatmengen wurden auch bereits früher Zentrifugalpumpen mit Erfolg verwendet. Z. B. zeigt Fig. 62 (aus Z. d. V. d. Ing. 1905, S. 1190) eine der acht stehenden von der Firma C. H. Jaeger in Leipzig für das Kraftwerk der Londoner Untergrundbahn in Chelsea im Jahre 1904 gelieferten Zentrifugal-Kondensatpumpen. Dieselben sind zweistufig mit vertikaler Welle ausgeführt und für eine maximale stündliche

Fördermenge von 63000 kg bestimmt. Um ein selbsttätiges Zufließen des Kondensates mit Sicherheit zu erreichen, wurden diese Pumpen so

Fig. 61.

tief aufgestellt, daß der Vertikalabstand zwischen Unterkante Kondensator und Pumpensaugstutzen rd. 2 m betrug. In den meisten Fällen wird jedoch mit Rücksicht auf die Fundamentierung und Zugänglichkeit der Pumpe verlangt werden, daß man mit geringerer Zuflußhöhe — etwa 0,5 m — auskommt. Erst in neuester Zeit ist es durch sorgfältige Formgebung der Lauf- und Leitschaufeln gelungen, die Widerstände beim Eintritt des Kondensates in die Pumpe derart zu verringern, daß diese Bedingung, auch bei kleinen Fördermengen, erfüllt wird. Fig. 66 und 67 zeigen z. B. eine Ausführung der A. E.-G., die mit ganz geringer Zuflußhöhe des Kondensates bei 2000 minutlichen Umdrehungen arbeitet.

Für das Absaugen der Luft kommen neben Pumpen mit rotierendem Kolben*) hauptsächlich auf dem Prinzip des Wasserstrahlejektors beruhende Pumpenkonstruktionen in Betracht. In kleinen Ausführungen werden Wasserstrahlluftpumpen schon lange zur Vakuumerzeugung in chemischen und physikalischen Laboratorien benutzt. Wird der erforderliche Wasserdruck durch eine Zentrifugal- oder Turbinenpumpe erzeugt, so bildet das aus dieser und dem Ejektor bestehende Aggregat eine rotierende Luftpumpe. In dieser Anordnung ist die Wasserstrahlluftpumpe bereits seit längerer Zeit in vielen Fällen als Einspritzkondensation angewandt worden. Hierbei geht die Kondensation in dem gleichen Raume vor sich, in dem auch das Gemisch von Vakuumspannung auf Atmosphärendruck gebracht wird. Die Luft, welche in dem zu kondensierenden Dampfe enthalten ist, gelangt daher mit diesem mitten in den Wasserstrahl, so daß ihre Kompression und Förderung an die Atmosphäre mit einem verhältnismäßig guten Wirkungsgrad erfolgen kann. Immerhin ist bei diesen Kondensationen, um deren Ausbildung sich besonders die Firma Körting verdient gemacht hat, der Wasserverbrauch und damit der Kraftbedarf der Kühlwasserpumpe noch verhältnismäßig hoch, wie aus einer Bemerkung von Stodola**) hervorgeht. Das gleiche folgt aus den Angaben von Meuth***) über den Kolbschen Einspritzkondensator, dessen Konstruktion mit der Körtingschen grundsätzlich übereinstimmt;

Fig. 62.

*) Z. d. V. d. Ing. 1907, S. 1062.

**) Die Dampfturbine, S. 360.

***) Z. d. V. d. Ing. 1908, S. 219 u. 220.

der Wasserstrahl hat Scheibenform, die Fangdüse bildet einen Rotationskörper. Noch viel ungünstiger liegen die Verhältnisse für die Verwendung der Wasserstrahlluftpumpe zur Förderung von Luft allein oder von Luft und Kondensat aus einem Oberflächenkondensator. Hierbei fehlt die günstige Wirkung, welche bei der Wasserstrahl-Einspritzkondensation durch das gleichzeitige Niederschlagen des Dampfes in demselben Wasserstrahl ausgeübt wird, durch den auch die Luft verdichtet wird.

Die Bedingungen, unter denen mit einer Wasserstrahlluftpumpe bei geschlossenem Saugstutzen ein Vakuum von bestimmter Höhe erzeugt wird, sind von Zeuner eingehend theoretisch behandelt worden.*) Bei geöffnetem Saugstutzen wird die angesaugte Luft nur infolge von Reibung an dem Wasserstrahl mitgerissen. Infolge dieser Wirkungsweise ist der Wirkungsgrad einer solchen Pumpe mit einfachem, kreisförmigem Düsenquerschnitt sehr schlecht, wie auch aus den Zeunerschen Ableitungen folgt. Er kann durch zweckentsprechende Gestaltung der Düsen, wodurch das Aufschlagwasser in Wirbelung versetzt oder ihm eine große Oberfläche gegeben wird, verbessert werden.

Versuchsergebnisse an einer Körtingschen Wasserstrahlluftpumpe sind im „Engineering“ vom 28. August 1908, S. 289 veröffentlicht. Bei einem absoluten Druck der angesaugten Luft von 60 mm $Hg = 816$ kg pro Quadratmeter und einer Temperatur des Aufschlagwassers von 9,5° C. fanden sich folgende Ergebnisse:

	Anfangsdruck des Wassers in at.	Das pro PSe. der zum Antrieb der Zentrifugalpumpe aufgewandten Leistung angesaugte Luftvolumen in Kubikmetern pro Stunde
1.	0,5	9,2
2.	1,0	9,2
3.	2,0	8,62
4.	3,0	7,67
5.	4,0	7,78

Zur isothermischen Kompression eines Kubikmeter Luft pro Stunde vom Drucke 816 kg pro Quadratmeter auf Atmosphärenspannung (760 mm $Hg = 10\,333$ kg pro Quadratmeter) sind erforderlich:

$$N_i = \frac{1}{3600 \,.\, 75} \cdot 816 \cdot ln \frac{10\,333 - d}{816} = 0{,}00764 \text{ PS.}$$

Hierin bezeichnet d den absoluten Dampfdruck, welcher der Temperatur von 9,5° C. des Aufschlagwassers entspricht, in Kilogramm pro Quadratmeter ($d = 122$ kg pro Quadratmeter). Er ist aus den bei Berechnung des Kraftbedarfs der Naßluftpumpe angeführten Gründen von dem Atmosphärendruck in Abzug zu bringen. Der auf isothermische, verlust-

*) Vorlesungen über die Turbine, S. 57 ff.

lose Kompression bezogene Wirkungsgrad ergibt sich hiermit für obige 5 Versuchswerte zu:

1	2	3	4	5
0,07	0,07	0,066	0,058	0,059.

Den vorstehenden Berechnungen liegen besonders günstige Versuchsannahmen zugrunde, z. B. ist mit einem Wirkungsgrad der Zentrifugalpumpe von 85 % gerechnet, der praktisch kaum erreichbar ist. Für die gleiche Saugspannung findet sich der auf isothermische Kompression bebezogene Wirkungsgrad der trockenen Schieberluftpumpe mit Druckausgleich nach Fig. 38 zu 46,5 % ohne Berücksichtigung des mechanischen Wirkungsgrades, unter Zugrundelegung eines solchen von 0,8 zu 37 %, also ganz bedeutend günstiger. Ein direkter Vergleich ist indes nur zulässig, wenn es sich in beiden Fällen darum handelt, Luft oder Gas ohne Wasserdampfgehalt anzusaugen und zu verdichten. Tatsächlich besteht bei der Oberflächenkondensation ein großer Teil des angesaugten Gemisches aus Wasserdampf, der bei der trockenen Schieberluftpumpe mit zu verdichten ist, bei der Wasserstrahlpumpe sich niederschlägt. Bei Verwendung für Kondensationszwecke verschieben sich daher die Verhältnisse wesentlich zugunsten der letzteren.

Besondere Bedeutung hat in den letzten Jahren die auf dem Prinzip des Wasserstrahl-Ejektors beruhende Luftpumpe von Westinghouse-Leblanc (Fig. 63, 64 und 65) gewonnen. Das Aufschlagwasser tritt durch den Stutzen C in das Pumpengehäuse ein und wird durch die feststehenden Leitschaufeln B dem auf der Welle F aufgekeilten Schaufelrade A zugeführt, welches durch eine äußere Antriebkraft in Drehung versetzt wird. Beaufschlagung, Umdrehungszahl und Schaufelwinkel sind so bemessen, daß das Wasser aus dem Laufrad in Strahlform austritt und mit großer Geschwindigkeit in die Düse G geschleudert wird. Dabei wird es infolge der partiellen Beaufschlagung fein zerstäubt uud bietet so der abzusaugenden Luft, welche durch den Stutzen D eintritt, eine große Oberfläche. Die Verdichtung des Gemisches von Luft und Wasser erfolgt in der Düse H. Das unten austretende Wasser kann in einem Behälter aufgefangen werden, um immer wieder von neuem zu zirkulieren. Die ganze auf das Laufrad A übertragene Energie wird teils infolge der geleisteten Kompressionsarbeit, teils durch Reibungs- und Wirbelungsverluste in Wärme umgesetzt welche von dem Aufschlagwasser aufgenommen wird; diesem muß daher ständig etwas kaltes Frischwasser zugesetzt werden, da die Saugleistung wesentlich von der Wassertemperatur abhängt. Der Erfinder, Leblanc, erklärt in einem längeren Aufsatze im „Engineering"*) die Wirkungsweise der Pumpe etwa folgendermaßen:

„Infolge der partiellen Beaufschlagung nach Art einer Aktions-Wasserturbine werden durch die einzelnen Schaufeln des Laufrades schnell

*) „A note on condensation" 28. Aug. 1908, S. 287.

aufeinanderfolgende Wasserscheiben — entsprechend Fig. 65 — erzeugt, zwischen denen sich die abzusaugende Luft befindet. Dieselben gelangen in den Diffussor, in dem die eingeschlossene Luft infolge der Umsetzung der Wassergeschwindigkeit in Druck auf Atmosphärenspannung verdichtet wird. Falls die Scheiben platzen, lösen sie sich in eine große Anzahl feiner Tropfen auf, die einen Nebel bilden und infolgedessen der abzusaugenden Luft eine große Oberfläche bieten."

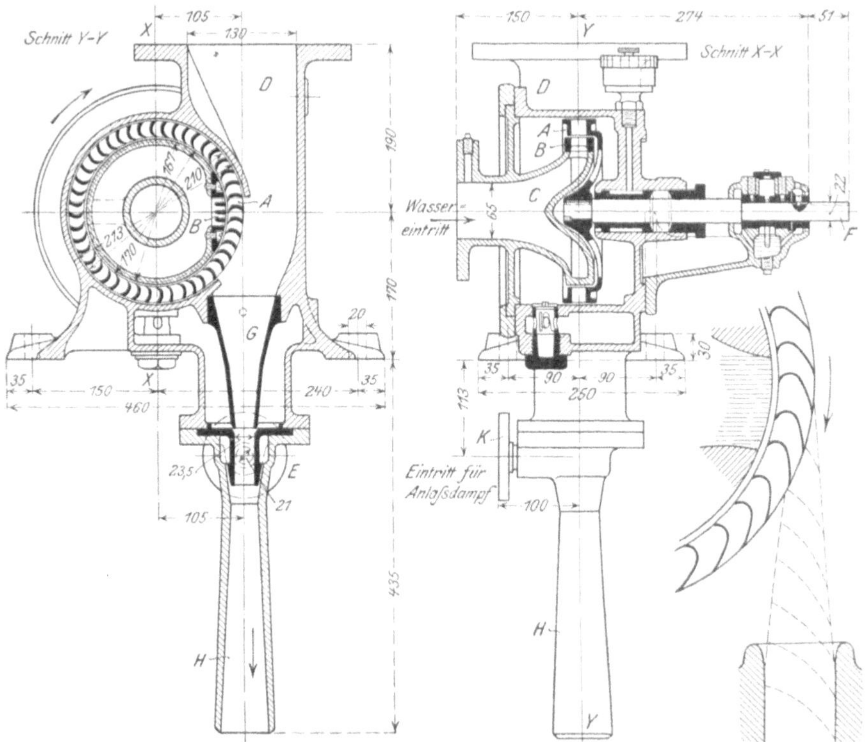

Fig. 63—65 (nach Leblanc).

Bei *E* befindet sich eine Düse zum Anlassen der Pumpe mit Dampf, welcher durch den Stutzen *K* zugeführt wird. Er erzeugt ein geringes Vakuum, welches genügt, um bei Inbetriebsetzung Aufschlagwasser durch *C* anzusaugen, so daß das Laufrad *A* zu fördern beginnt, worauf der Anlaßdampf abgesperrt werden kann.

In der, dem erwähnten Aufsatze entnommenen, Zahlentafel 14 sind die Ergebnisse von Versuchen an 2 Westinghouse-Leblanc-Luftpumpen wiedergegeben. Hinzugefügt sind in Spalte 10 die absoluten Luftdrücke (Millimeter *Hg*) in der Luftpumpe, welche man nach Abzug der Dampfspannung des Aufschlagwassers (8 mm *Hg* bei 8,5° C. und 9 mm *Hg* bei

9,5° C.) erhält. Das sekundlich angesaugte Luftgewicht (G) ist bei den Versuchen durch Messung mittels Düsen von den in Spalte 5 angegebenen l. W. bestimmt. Daraus ergibt sich das pro Sekunde angesaugte Luftvolumen (V) von der Spannung p nach der Beziehung:

$$V = \frac{G.\ R.\ T.}{p}.$$

Hierin ist:

G = das in der Sekunde angesaugte Luftgewicht (kg),
p = der absolute Luftdruck im Saugstutzen der Luftpumpe (kg/qm),
R = die Luftkonstante = 29,27,
T = die absolute Lufttemperatur am Saugstutzen der Luftpumpe (° C.),
V = das Volumen des Luftgewichtes G bei dem Drucke p und der Temperatur T (cbm/Sek.).

Die hiernach berechneten Luftvolumina V, welche mehr oder weniger von denjenigen der Leblancschen Tabelle (Zahlentafel 14, Spalte 8) abweichen, sind in Spalte 2 der Zahlentafel 15 zusammengestellt. Spalte 1 enthält die in kg/qm umgerechneten absoluten Luftdrücke (p) am Saugstutzen der Luftpumpe. Mit diesen Werten ist der bei isothermischer, verlustloser Kompression erforderliche Kraftbedarf N_i (PS.) berechnet und in Spalte 3 der Zahlentafel 15 wiedergegeben. Die Berechnung erfolgte nach der auch oben für die Körtingsche Wasserstrahlpumpe benutzten Beziehung:

$$N_i = \frac{1}{75} \cdot p \cdot V \cdot ln \frac{10333 - d}{p} \qquad \text{(PS.)}.$$

d ist bei den Versuchen 2, 3, 4 mit 109 kg/qm (= 8 mm Hg), bei den Versuchen 6, 7, 8, 9 mit 122 kg/qm (= 9 mm Hg) eingesetzt. Spalte 4 enthält den Wirkungsgrad $\eta = \frac{N_i}{N_e}$. Der Wirkungsgrad der Pumpe nimmt hiernach mit steigendem Luftdruck zu. Trägt man die berechneten η-Werte in einem Koordinatensystem in Abhängigkeit von p auf, so erhält man eine Kurve, nach der für $p = 0$ auch $\eta = 0$ ist, und die Zunahme von η mit wachsendem p immer geringer wird. Für eine Saugspannung von 60 mm Hg, welche den oben erwähnten Versuchen an der Körtingschen Wasserstrahlpumpe zugrunde liegt, ergibt sich der Wirkungsgrad der W.-L.-Pumpe aus dieser Kurve zu rd. 11 %, also wesentlich günstiger.

Die Westinghouse-Leblanc-Luftpumpe kann als eine durch den direkten Zusammenbau von Pumpe und Ejektor verbesserte Wasserstrahl-Luftpumpe betrachtet werden. Demgegenüber nähert sich die Wirkungsweise anderer Pumpensysteme, in welchen Luft unter Zuhilfenahme von Wasserstrahlen komprimiert wird, derjenigen der Kolbenpumpe. Als Beispiel diene eine Ausführung der A. E.-G., Fig. 66, 67 und 68 (aus Z. d. V. d. Ing. 1909, S. 702 und 703). Die Pumpe besteht aus einem umlaufenden Schaufelrade und einem dieses mit ziemlich großem Spiele umschließenden

Leitapparate, s. Fig. 68. Die Laufschaufelenden sind in tangentialer Richtung mit großer Dicke ausgeführt, sodaß in die Leitkanäle kein zu-

Fig. 66 (nach Lasche).

sammenhängender Wasserstrahl gelangt, sondern einzelne, schnell aufeinanderfolgende Wasserkolben mit großer Geschwindigkeit eintreten. Jeder

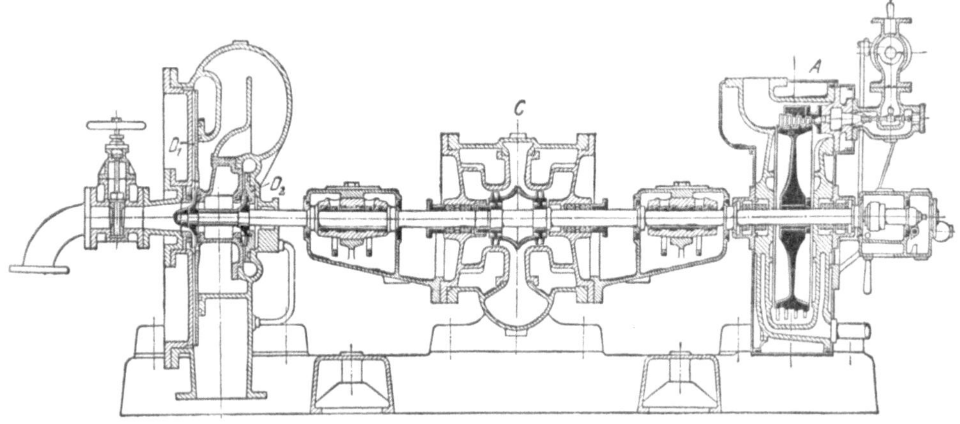

Fig. 67 (nach Lasche).
A Antriebsturbine, C Kühlwasserpumpe, D_1 Schleuderluftpumpe, D_2 Kondensatpumpe.

Wasserkolben saugt durch den breiten Spalt zwischen Laufrad und Leitapparat Luft an, sodaß zwischen je 2 Wasserkolben ein Luftkolben eingeschlossen wird. Entsprechend der Abnahme der Wassergeschwindigkeit im Leitkanal werden die Luftkolben verdichtet. Die einzelnen Vorgänge lassen sich auf Grund der Zentrifugalpumpentheorie leicht theoretisch

Fig. 68 (nach Lasche).

verfolgen. Die praktisch vorteilhaftesten Verhältnisse einer derartigen Luftpumpe können indes nur durch langwierige Versuche ermittelt werden. Da hierüber noch keine Veröffentlichungen vorliegen, muß von einer eingehenderen Behandlung abgesehen werden.

17. Kapitel.

Zusammenstellung der Ergebnisse.

Im Anfang des 2. Kap. ist unter Hinweis auf Fig. 6 und 7 gezeigt worden, daß man bei der Gegenstrom-Oberflächenkondensation ebensogut Luft und Kondensat durch getrennte Pumpen, wie mit einer Naßluftpumpe gemeinsam absaugen kann. Beide Anordnungen werden ausgeführt. Aus der vorliegenden Arbeit lassen sich eine Reihe von Gesichtspunkten für die Beurteilung der Vor- und Nachteile beider Systeme ableiten, soweit Kolbenpumpen in Frage kommen.

1. Getrennte Luft- und Kondensatabsaugung mittels Schieberluft- und Kondensatpumpe

a) Vorteile. Für Luft und Kondensat werden getrennte, jede für den speziellen Zweck besonders geeignete Konstruktionen verwendet. Der größere Verschleiß, welchen die Kondensatförderung verursacht, bleibt auf den verhältnismäßig kleinen und billig zu ersetzenden Kondensatkolben und -Zylinder beschränkt. Die Luft wird nur auf Atmosphärendruck komprimiert, auch wenn das Kondensat in einen höher gelegenen Behälter zu fördern ist. Das Kondensat kann mit höherer Temperatur als die Luft abgesaugt werden. Die entsprechende Flüssigkeitswärme wird bei unmittelbarer Wiederverwendung des Kondensates zur Kesselspeisung erspart. Auf den letzten Punkt soll weiter unten näher eingegangen werden.

b) Nachteile. In der Luftpumpe muß nicht nur die Luft, sondern auch der mitangesaugte Dampf komprimiert werden; der indizierte Kraftbedarf ist deshalb höher als bei einer Naßluftpumpe, bei der nur die Luft isothermisch zu verdichten ist. Die Schwierigkeit, welche die Konstruktion von stoßfrei und geräuschlos arbeitenden Kondensatpumpen bietet, führt zu geringen Umdrehungszahlen, die dem direkten Antrieb durch Elektromotore im Wege stehen. Die Anzahl der Teile, welche der Wartung und Schmierung bedürfen, ist bei getrennter Luft- und Kondensatabsaugung größer als bei der Naßluftpumpe.

2. Gemeinsame Luft- und Kondensatabsaugung mittels Naßluftpumpe.

a) Vorteile. Der indizierte Kraftbedarf ist geringer als bei der trockenen Schieberluftpumpe. Dieser Vorteil kommt auch bei dem effektiven Kraftbedarf der einstufigen Naßluftpumpe zur Geltung. Die Ausbildung als stehende zweistufige Naßluftpumpe mit Differentialkolben ermöglicht hohe Umdrehungszahlen ohne jeden Druckwechsel im Gestänge und damit direkte Kupplung mit langsamlaufenden Elektromotoren; dabei geht allerdings der Vorteil des geringeren effektiven Kraftbedarfs ganz oder größtenteils verloren. Die Anzahl der Teile, welche der Wartung bedürfen, ist geringer, und infolgedessen ist die Betriebssicherheit höher als bei getrennter Luft- und Kondensatabsaugung.

b) Nachteile. Infolge der gleichzeitigen Förderung von Luft und Wasser sind Kolben und Zylinder einer verhältnismäßig schnellen Abnutzung unterworfen. Ein Nachlassen der Saugwirkung ist daher — besonders bei einstufig arbeitenden Naßluftpumpen — schneller zu erwarten als bei trockenen Schieberluftpumpen. Wenn das Kondensat auf größere Höhe zu fördern ist, muß auch die Luft auf den gleichen Druck komprimiert werden. Damit wächst die Kompressionsarbeit für die Luft einerseits, die Beanspruchung der Triebwerkteile andrerseits in viel höherem Maße, als wenn der hohe Druck nur in einer gesonderten Kondensatpumpe von verhältnismäßig kleinen Abmessungen auftritt. Das Kondensat muß ebenso tief wie die Luft gekühlt werden.

Wenn man das Kondensat unmittelbar wieder zur Kesselspeisung verwendet, so besteht der Hauptvorteil der getrennten Absaugung von Luft und Kondensat darin, daß das letztere wärmer gewonnen werden kann, als bei gemeinsamer Absaugung. Die Differenz zwischen Luft- und Kondensattemperatur ist um so größer, je höher der absolute Kondensatordruck ist. Der Vorteil der Gewinnung wärmeren Kondensates kommt daher hauptsächlich bei Kondensationen für Dampfmaschinen zur Geltung, die mit einem normalen Vakuum von 80—85 $^0/_0$ arbeiten. Aber auch bei Turbinenkondensationen, bei denen ein möglichst hohes Vakuum angestrebt wird, kann durch die Gewinnung wärmeren Kondensates immer noch ein gewisser Vorteil erreicht werden. In einem Aufsatze über Turbinenkondensationen in der Zeitschrift „Die Turbine" 1907, S. 193, findet sich eine Zusammenstellung von Versuchsresultaten an Oberflächenkondensationen der Maschinenbau-Aktiengesellschaft Balcke mit getrennter Absaugung von Luft und Kondensat. Derselben sind folgende Werte entnommen:

	Kondensattemperatur	Temperatur der abgesaugten Luft
	⁰ C.	⁰ C.
	44,0	30,6
	25,7	10,4
	26,6	12,9
	30,5	21,6
	31,5	22,0
	41,5	29,0
	35,0	21,0
	46,0	39,2
	34,4	18,8
	34,0	22,8
Mittelwert:	34,92	22,83

Die Kondensattemperatur ergibt sich hiernach ca. 12⁰ C. höher, als sie unter sonst gleichen Verhältnissen bei Verwendung einer Naßluftpumpe sein könnte. Wird nun beispielsweise angenommen, daß in der Kesselanlage Dampf von 12 at. absolut und 275⁰ C. erzeugt wird, so beträgt die Erzeugungswärme von 1 kg Dampf bei einer Kondensattemperatur von 35⁰ C. nach dem Mollierschen Wärmediagramm:

$$706 - 35 = 671 \text{ WE.}$$

Bei gemeinsamer Absaugung durch eine Naßluftlumpe müßte das Kondensat mit der Luft auf 23⁰ C. gekühlt werden. Für diese Speisewassertemperatur ergibt sich die Erzeugungswärme von 1 kg Dampf zu:

$$706 - 23 = 683 \text{ WE.},$$

also 1,8 $^0/_0$ höher als bei der getrennten Absaugung. Dieser Betrag ist — in Maschinenleistung umgerechnet — größer als der normale Kraftbedarf für den Luftpumpenantrieb überhaupt. Hiernach ist es vom rein wärmetheoretischen Standpunkt unter allen Umständen zweckmäßig, Luft und Kondensat getrennt abzusaugen; natürlich unter der Voraussetzung, daß man den Kondensator so baut, daß das Kondensat möglichst warm gewonnen wird. Die trockene Schieberluftpumpe wird deshalb für größere Zentralkondensationen bei einem Vakuum von 80—90 $^0/_0$ vorzuziehen sein, wenn der Antrieb der Pumpen durch eine Kolbendampfmaschine erfolgen soll. Dagegen wird man in anderen Fällen der Naßluftpumpe wegen ihrer größeren Einfachheit den Vorzug geben; insbesondere würde bei der Kolbendampfmaschine mit eigener Kondensation die getrennte Absaugung zu einer Komplikation führen, für welche die Gewinnung wärmeren Kondensates keinen Ausgleich bietet.

Um das für den Dampfmaschinenbetrieb günstigste Vakuum von ca. 85 $^0/_0$ zu erreichen, genügen einstufig arbeitende Naßluftpumpen; ihre Ausführung mit Saugschlitzen ermöglicht bedeutend kleinere Abmessungen als diejenige mit Saugklappen oder -Ventilen. Bei der konstruktiven Durchbildung der Naßluftpumpe soll man den schädlichen Raum möglichst klein halten, um die Verringerung des Liefergrades durch Absorption und Rückexpansion von Luft auf ein Mindestmaß zu verringern. Ob sich besondere Vorteile durch Verwendung von zweistufig arbeitenden Pumpen zur Erzeugung eines Vakuums bis zu 85 $^0/_0$ ergeben, könnte nur durch eingehende vergleichende Versuche festgestellt werden. Auch die zweistufigen Pumpen sollten in der Niederdruckstufe immer mit Saugschlitzen anstatt -Klappen ausgeführt werden.

Für die Oberflächenkondensationen der Dampfturbinen muß die gleiche Einfachheit und Betriebssicherheit angestrebt werden, welche die Turbine selbst bietet. Deshalb verdient die schnellaufende für direkte Kupplung mit einem Elektromotor geeignete Naßluftpumpe den Vorzug, obwohl sie Unterkühlung des Kondensates bedingt; der Fortfall der Übersetzung zwischen Motor und Pumpe erhöht überdies die Betriebssicherheit. Für hohe Umdrehungszahlen eignet sich hauptsächlich die zweistufige Naßluftpumpe mit Differentialkolben, weil bei ihr der Druckwechsel im Gestänge vermieden werden kann; die Pumpe arbeitet daher noch bei einer gewissen Abnutzung der Zapfen ruhig, ein besonderer Vorzug für Anlagen, bei denen das Turboaggregat längere Zeit ohne jede Unterbrechung im Betriebe bleiben muß.

Trotz aller Sorgfalt, die man in den letzten Jahren auf die konstruktive Durchbildung von Kolbenluftpumpen verwandt hat, können sie in Verbindung mit Dampfturbinenanlagen doch nur als Notbehelf angesehen werden. Ihr Ersatz durch rotierende Luft- und Kondensatpumpen ist deshalb anzustreben. Allerdings ist der Wirkungsgrad dieser Pumpen noch sehr schlecht, falls es sich um ein Absaugen von reiner Luft oder Gasen handelt — für ein Vakuum von rd. 92 $^0/_0$, welches den mittleren Verhältnissen von Turbinenkondensationen entspricht, betrug der Wirkungsgrad nach den im vorangegangenen Kapitel angeführten Versuchen ca. 11 % bei der Westinghouse-Leblanc-Pumpe, gegenüber 37 % bei der trockenen Schieberluftpumpe. Hat man aber — wie immer bei Kondensationen — mit Wasserdampf gesättigte Luft abzusaugen, so verschieben sich die Verhältnisse sofort zugunsten der Wasserstrahlluftpumpe. Wie weit dies der Fall ist, hängt von der jeweiligen Zusammensetzung des abzusaugenden Gemisches ab. Aber selbst wenn der Kraftbedarf der rotierenden Luftpumpe für gleiche Verhältnisse wesentlich höher sein sollte als derjenige der Kolbenpumpe, ist trotzdem ihre Verwendung speziell für Turbinenkondensationen mit Rücksicht auf die Einheitlichkeit des ganzen Aggregates und die höhere Betriebssicherheit gerechtfertigt.

Auch bei Neuanlagen von Zentralkondensationen wird bereits jetzt in vielen Fällen die Entscheidung zugunsten der rotierenden, direkt mit Elektromotor oder Dampfturbine gekuppelten Luftpumpe fallen. Höhere Betriebssicherheit und Anspruchslosigkeit in der Wartung sind Vorzüge, welche den höheren Kraftbedarf in vielen Fällen überwiegen. Man muß auch berücksichtigen, daß die rotierende Kondensationsluftpumpe noch neu und entwicklungsfähig ist; eine Erhöhung des Wirkungsgrades gegenüber den jetzigen Ausführungen ist mit Sicherheit zu erwarten.

Kurz zusammengefaßt, wird die Naßluftkolbenpumpe in ein- oder zweistufiger Ausführung nach wie vor für Dampfmaschinen mit eigener Kondensation Verwendung finden. Die trockene Schieberluftpumpe in Verbindung mit Kondensatpumpe ist bei Zentralkondensationen mit Dampfmaschinenantrieb am Platze, soweit nicht die rotierende Luftpumpe mit elektrischem oder Turbinenantrieb bevorzugt wird. Es ist anzunehmen, daß die trockene Schieberluftpumpe in absehbarer Zeit für Kondensationen überhaupt nicht mehr verwendet wird. Sie ist hauptsächlich dann von Vorteil, wenn es sich darum handelt, trockene Luft oder Gase von niedrigem absoluten Druck abzusaugen und auf atmosphärischen Druck zu verdichten und besitzt hierfür noch ein weites Verwendungsgebiet, namentlich in der chemischen Großindustrie. Hierbei ist ihr Kraftbedarf so viel geringer als derjenige der Wasserstrahlluftpumpe, daß die Verwendung der letzteren heute noch nicht gerechtfertigt wäre. Aus diesem Grunde ist auch die ausführliche Behandlung dieser Pumpe in der vorliegenden Arbeit berechtigt.

Verwendet man rotierende Pumpen, so muß man deren Konstruktionsverhältnisse tunlichst so wählen, daß Zentrifugal-Luft- und Kondensatpumpe mit einem einzigen Motor bezw. einer Dampfturbine gekuppelt werden können, wie es beispielsweise bei dem durch Fig. 66 und 67 dargestellten, von der A. E.-G. ausgeführten Pumpenaggregat der Fall ist. Bei dieser Anordnung ist mit der Verwendung einer getrennten Kondensatpumpe keine Komplikation mehr verbunden; bei entsprechender Ausführung des Kondensators hat man hierbei den Vorteil der Gewinnung warmen Kondensates ohne Erhöhung des Kraftbedarfs. Trotzdem wird in neuerer

Zeit der Kondensator häufig — z. B. auch bei der vorerwähnten Anlage — so gebaut, daß das Kondensat auf möglichst niedrige Temperatur unterkühlt wird; die abzusaugende Luft wird dann durch das kältere Kondensat gekühlt. Hierdurch soll an Kondensatorkühlfläche gespart werden, mit Hinsicht auf den niedrigen Wärmedurchgangskoeffizienten, mit dem man andernfalls bei Kühlung der Luft an von Wasser durchflossenen Messingrohren rechnen muß. Wie weit die Ersparnisse an Anschaffungskosten den Verlust an Flüssigkeitswärme des Kondensats ausgleichen, hängt von den jeweiligen Verhältnissen ab und kann leicht für einen bestimmten Fall rechnungsmäßig ermittelt werden, unter der Voraussetzung, daß die Erhöhung des mittleren Wärmedurchgangskoeffizienten der Kondensatorkühlfläche bei Unterkühlung des Kondensats zum Zwecke der Luftkühlung bekannt ist.

Die vorliegende Arbeit behandelt ein Teilgebiet des Kondensationsbaues, das erst durch die Anforderungen, welche die Dampfturbine an ein hohes Vakuum stellt, zu größerer Bedeutung gelangt ist. Die Schlüsse, welche auf Grund theoretischer Untersuchungen und allgemeiner praktischer Erfahrungen gezogen sind, bedürfen vielfach noch der Bestätigung oder Korrektur durch vergleichende Versuche. Hierfür kann die Arbeit als theoretische Unterlage dienen.

Literatur.

„Des Ingenieurs Taschenbuch“, herausgegeben vom akademischen Verein „Hütte“, Berlin 1905.

„Die Turbine“ 1907.

Dubbel, Entwerfen und Berechnen der Dampfmaschinen. Berlin 1907.

„Glückauf“ 1906 und 1907.

Ihering, Die Gebläse. Berlin 1903.

Josse, Neuere Wärmekraftmaschinen. München 1905.

„L'industria, rivista tecnica ed economica illustrata“. Mailand 1908.

„Revue de Mécanique“ 1907.

Stodola, Die Dampfturbine. Berlin 1905.

Weighton (Prof. R. L.) „The efficiency of surface condensers“, London, Institution of Naval Architects.

Weiß, Kondensation. Berlin 1901.

„Zeitschrift des Vereines deutscher Ingenieure“ 1885, 1895, 1903, 1905, 1906, 1907, 1908, 1909.

„Zeitschrift für das gesamte Turbinenwesen“ 1908.

Zeuner, Technische Thermodynamik. Leipzig 1900.

„ Vorlesungen über Theorie der Turbinen. Leipzig 1899.

Anhang.

Zahlentafeln.

Zahlentafel 1—7.	Versuchsberechnungen nach Weighton.
„ 8.	Abhängigkeit der Luftpumpenleistung vom Kühlwasserverbrauch bei gegebenem Oberflächenverhältnis.
„ 9.	Günstigste Abmessungen der Luft- und Zirkulationspumpe bei verschiedenen Kühlwasserförderhöhen.
„ 10.	Günstigste Abmessungen der Luft- und Zirkulationspumpe bei veränderlichem Oberflächenverhältnis.
„ 11.	Berechnung der Kompressionsarbeit bei veränderlichem Exponenten der polytropischen Kompressionslinie.
„ 12.	Berechnung des Diagramminhaltes der Luftpumpe (nach Gleichung 38) für verschiedene Verhältnisse.
„ 13.	Massenbeschleunigungsdrücke der Differentialnaßluftpumpe für verschiedene Umdrehungszahlen.
„ 14. u. 15.	Versuchsergebnisse an Westinghouse-Leblanc-Luftpumpen.

Zahlentafel 1.

Versuche von Weighton.

Kondensatorkühlfläche : $F = 9{,}29$ qm; gewöhnliche Naßluftpumpe.

Lfde. Nr.	Versuch Nr.	c m/sek.	t_1 ° C.	t_2 ° C.	t_3 ° C.	t_4 ° C.	W kg/Std.	Q WE./Std.	$\frac{Q}{F}$	ϑ' ° C.	k_1	k_2	ϑ ° C.
1	972	1,380	7,78	14,55	25,55	16,67	25 520	172 500	18 560	9,90	1875	189	9,94
2	973	1,119	7,89	17,20	27,50	17,22	20 650	192 300	20 700	9,88	2095	212	9,82
3	974	0,871	7,78	19,32	29,45	19,45	16 100	186 000	20 000	11,00	1820	165	10,90
4	975	0,619	7,78	23,88	33,60	21,65	11 430	184 100	19 800	11,62	1700	146	11,80
5	976	0,387	8,06	33,54	39,20	30,00	6 920	176 300	18 970	12,01	1580	131	13,80
6	977	1,400	7,78	17,93	30,30	23,60	25 900	263 000	28 300	13,97	2025	145	14,10
7	978	1,117	7,50	20,17	31,67	23,05	20 600	261 000	28 070	13,40	2095	156	13,52
8	979	0,871	7,50	23,80	33,90	25,26	16 100	262 400	28 250	13,54	2085	154	13,93
9	980	0,622	7,78	29,60	36,95	28,60	11 450	250 000	26 900	12,91	2080	161	14,08
10	981	0,375	7,39	45,60	50,40	46,40	6 860	262 000	28 200	16,31	1730	106	21,90
11	982	1,377	7,27	23,34	33,05	31,95	25 450	409 000	44 000	16,02	2745	171	17,20
12	983	1,120	7,33	26,80	34,30	31,10	20 700	403 000	43 400	14,08	3080	219	15,64
13	984	0,875	7,39	31,95	39,20	36,10	16 110	396 000	42 600	15,60	2730	175	17,98
14	985	0,622	7,44	39,80	46,40	43,90	11 420	370 000	40 900	17,47	2340	134	21,53
15	986	0,378	7,55	60,80	65,00	64,70	6 880	366 000	39 400	20,25	1945	96	30,62
16	987	1,357	7,39	24,03	32,80	32,80	25 040	416 500	44 850	15,62	2870	184	17,09
17	988	1,377	7,33	26,10	33,70	32,20	25 410	477 000	51 300	14,54	3530	242	16,24
18	989	1,116	7,39	29,45	36,40	35,27	20 540	453 000	48 700	15,05	3240	215	17,42
19	990	0,869	7,50	38,30	45,00	43,90	15 980	492 000	53 000	17,52	3025	173	21,55
20	991	0,628	7,61	48,15	54,30	53,69	11 480	465 500	50 100	19,80	2530	128	26,07
21	992	0,378	7,78	72,00	75,50	75,60	6 850	440 000	47 300	21,68	2185	100	35,66

Zahlentafel 2.

Versuche von Weighton. Kondensatorkühlfläche: $F = 9{,}29$ **qm; trockene Luftpumpe mit Einspritzung, Kerne in den Kühlrohren.**

Lfde. Nr.	Versuch Nr.	c m/sek.	t_1 ° C.	t_2 ° C.	t_3 ° C.	t_4 ° C.	W kg/Std.	Q WE./Std.	$\frac{Q}{F}$	ϑ' ° C.	k_1	k_2
22	993	1,960	7,61	14,82	23,20	15,00	25 200	181 700	19 540	7,925	2465	311
23	994	1,640	7,67	16,83	25,40	13,05	21 180	193 900	20 840	6,860	3040	444
24	995	1,285	7,78	19,06	26,40	11,67	16 700	188 300	20 240	5,440	3720	687
25	996	0,920	7,83	23,50	27,80	11,10	12 090	189 300	20 390	3,770	5410	1430
26	997	0,555	8,34	32,40	35,00	24,18	7 510	180 800	19 450	7,320	2660	364
27	1013	0,366	8,78	37,05	42,20	33,05	5 130	145 000	15 600	12,330	1265	103
28	998	1,950	7,78	19,28	25,28	10,55	25 030	288 000	31 000	4,180	7410	1775
29	999	1,585	7,78	21,40	25,95	10,28	20 540	280 000	30 150	3,420	8820	2585
30	1000	1,290	7,89	24,34	27,20	12,78	16 770	275 900	29 670	3,780	7860	2075
31	1001	0,918	8,05	30,74	33,05	22,50	12 040	273 400	29 400	6,620	4445	672
32	1002	0,555	8,33	42,60	45,30	39,20	7 500	257 000	27 650	11,570	2390	207
33	1003	1,880	7,89	25,55	28,90	22,50	24 170	426 000	45 900	7,650	6000	787
34	1004	1,640	7,89	26,67	30,10	23,20	21 170	397 000	42 700	7,950	5380	677
35	1005	1,285	8,05	32,10	36,10	31,40	16 670	401 000	43 150	10,970	3940	359
36	1006	0,915	8,22	40,70	43,60	40,80	12 000	390 000	42 000	12,270	3420	279
37	1007	0,555	8,61	57,50	59,70	59,50	7 390	361 000	38 850	15,490	2510	162
38	1008	1,945	8,05	27,40	32,20	28,35	24 930	482 000	51 900	10,730	4830	449
39	1009	1,610	8,23	29,25	33,60	30,55	20 790	437 000	47 100	10,980	4300	392
40	1010	1,285	7,89	38,50	42,50	39,70	16 600	509 000	54 750	13,400	4080	304
41	1011	0,915	8,00	47,90	51,40	48,90	11 920	476 000	51 300	15,200	3375	222
42	1012	0,555	8,29	74,10	76,30	76,10	7 260	478 000	51 450	19,130	2690	140

Zahlentafel 3.

Versuche von Weighton. Kondensatorkühlfläche: $F = 9{,}29$ **qm; trockene Luftpumpe mit Einspritzung.**

43	1029	1,417	5,83	12,21	23,87	14,43	26 730	170 500	18 350	10,010	1830	183
44	1030	0,619	5,72	21,82	28,35	14,43	12 020	193 800	20 840	7,600	2740	361
45	1014	1,390	7,78	20,00	28,35	9,16	26 260	321 400	34 600	3,870	8940	2300
46	1015	1,115	7,78	22,50	29,17	10,55	21 190	312 000	33 600	4,440	7575	1705
47	1016	0,869	7,84	25,95	32,05	16,93	16 620	301 000	32 400	7,510	4310	574
48	1017	0,621	7,95	31,30	37,20	25,00	12 000	280 200	30 200	10,500	2875	274
49	1018	0,372	8,28	48,70	54,70	49,70	7 350	296 800	31 980	18,330	1745	95
50	1031	0,618	5,89	29,17	35,15	27,80	11 990	279 000	30 000	12,300	2440	199
51	1032	1,418	5,56	16,00	26,95	15,56	26 780	280 000	30 130	10,450	2880	276
52	1033	1,420	5,56	20,27	27,80	20,00	26 860	395 500	42 550	10,580	4020	380
53	1034	0,622	5,83	38,90	45,60	43,30	11 990	396 500	42 700	17,850	2390	134
54	1035	0,618	5,83	45,55	52,10	51,40	11 900	473 000	50 900	20,080	2530	126

Zahlentafel 4.

Versuche von Weighton.

Kondensatorkühlfläche: $F = 5{,}76$ qm.

Lfde. Nr.	Versuch Nr.	c m/sek.	t_1 °C.	t_2 °C.	t_3 °C.	t_4 °C.	W kg/Std.	Q WE/Std.	$\frac{Q}{F}$	ϑ' °C.	k_1	k_2
55	1055	1,4100	5,160	25,15	41,90	39,40	26 030	521 000	90 500	24,45	3700	151
56	1056	1,1200	5,220	31,27	48,60	46,60	20 600	537 000	93 250	27,62	3370	122
57	1057	0,8625	5,280	40,15	57,80	56,10	15 830	552 000	95 900	31,40	3055	98
58	1058	1,3750	5,110	22,20	40,60	40,00	25 400	433 000	75 250	25,73	2925	114
59	1059	1,0750	5,220	26,27	42,75	40,00	20 430	431 000	74 900	24,50	3060	125
60	1060	0,8680	5,280	32,07	47,90	45,50	16 000	429 000	74 500	26,12	2850	109
61	1061	0,6120	5,390	42,20	56,60	55,60	11 250	415 000	72 000	28,65	2510	88
62	1062	1,3810	5,280	16,10	35,10	27,80	25 540	276 200	48 000	20,74	2320	112
63	1063	1,1070	5,280	19,05	38,60	31,95	20 420	281 400	48 800	22,99	2120	92
64	1064	0,8630	5,450	22,60	41,60	35,25	15 930	273 000	47 400	23,98	1980	83
65	1065	0,6150	5,560	30,00	46,40	40,25	11 320	277 200	48 100	24,40	1970	81
66	1066	0,3750	5,610	44,15	57,80	54,10	6 860	264 000	45 850	27,46	1670	61
67	1067	1 3900	5,280	12,20	31,50	28,34	25 720	177 800	30 850	21,08	1460	69
68	1068	1,1030	5,280	14,33	33,20	24,18	20 380	183 200	31 800	18,80	1690	90
69	1069	0,8630	5,280	16,68	36,10	24,45	15 930	181 800	31 570	19,30	1630	84
70	1070	0,6100	5,450	21,50	40,60	29,44	11 250	180 700	31 370	21,60	1450	67
71	1071	0,3720	5,610	31,50	46,60	37,80	6 850	177 300	30 800	22,60	1360	60

Zahlentafel 5.

Versuche von Weighton. Kondensatorkühlfläche: $F = 5{,}76$ qm.

Trockene Luftpumpe mit Einspritzung; Kerne in den Kühlrohren.

Lfde. Nr.	Versuch Nr.	c	t_1	t_2	t_3	t_4	W	Q	$\frac{Q}{F}$	ϑ'	k_1	k_2
72	1089	1,9750	6,100	13,07	26,40	12,38	25 100	174 700	30 300	9,35	3240	346
73	1090	1,2700	6,100	17,21	28,90	12,21	16 100	179 000	31 050	8,62	3600	419
74	1091	0,5520	6,100	31,14	38,30	26,50	7 120	178 200	30 940	12,64	2445	193
75	1092	1,9750	6,390	16,55	28,95	12,78	25 000	254 000	44 100	9,07	4860	537
76	1093	1,2700	6,725	22,50	31,60	14,89	16 070	253 300	44 000	8,62	5100	592
77	1094	0,4490	6,950	42,35	49,90	40,05	6 990	247 300	42 900	17,27	2480	144
78	1100	1,9700	4,450	17,00	29,05	20,70	25 140	315 300	54 700	14,00	3900	279
79	1099	1,2700	4,450	27,80	36,85	31,95	16 500	385 000	66 900	16,58	4030	243
80	1098	0,7320	4,450	42,00	50,10	47,20	9 800	368 000	63 900	20,80	3078	147
81	1095	1,9900	4,450	24,55	35,10	30,00	25 540	513 000	89 100	16,99	5250	309
82	1096	1,2700	4,450	35,15	45,30	41,90	16 330	501 000	87 000	20,88	4160	199
83	1097	0,7600	4,610	54,30	62,45	61,10	9 460	470 000	81 600	24,95	3280	131

Zahlentafel 6.

Versuche von Weighton.

$W(c)$ konstant.

Zusammenstellung aus Tafel 1:							Zusammenstellung aus Tafel 4:						
Gruppe	Lfde. Nr.	c m/sek.	W kg/Std.	$\frac{Q}{F}$	k_1	k_2	Gruppe	Lfde. Nr.	c m/sek.	W kg/Std.	$\frac{Q}{F}$	k_1	k_2
A	5	0,387	6 920	18 970	1580	131	F	71	0,3720	6 850	30 800	1360	60
	10	0,375	6 860	28 200	1730	106		66	0,3750	6 860	45 850	1670	61
	15	0,378	6 880	39 400	1945	96		—	—	—	—	—	—
	21	0,378	6 850	47 300	2185	100		—	—	—	—	—	—
B	4	0,619	11 430	19 800	1700	146	G	70	0,6100	11 250	31 370	1450	67
	9	0,622	11 450	26 900	2080	161		65	0,6150	11 320	48 100	1970	81
	14	0,622	11 420	40 900	2340	134		61	0,6120	11 250	72 000	2510	88
	20	0,628	11 480	50 100	2530	128		—	—	—	—	—	—
C	3	0,871	16 100	20 000	1820	165	H	69	0,8630	15 930	31 570	1630	84
	8	0,871	16 100	28 250	2085	154		64	0,8630	15 930	47 400	1980	83
	13	0,875	16 110	42 600	2730	175		60	0,8680	16 000	74 500	2850	109
	19	0,869	15 980	53 000	3025	173		57	0,8625	15 830	95 900	3055	98
D	2	1,119	20 650	20 700	2095	212	I	68	1,1030	20 380	31 800	1690	90
	7	1,117	20 600	28 070	2095	156		63	1,1070	20 420	48 800	2120	92
	12	1,120	20 700	43 400	3080	219		59	1,0750	20 430	74 900	3060	125
	18	1,116	20 540	48 700	3240	215		56	1,1200	20 600	93 250	3370	122
E	1	1,380	25 520	18 560	1875	189	K	67	1,3900	25 720	30 850	1460	69
	6	1,400	25 900	28 300	2025	145		62	1,3810	25 540	48 000	2320	112
	11	1,377	25 450	44 000	2745	171		58	1,3750	25 400	75 250	2925	114
	16	1,357	25 040	44 850	2870	184		55	1,4100	26 030	90 500	3700	151
	17	1,377	25 410	51 300	3530	242		—	—	—	—	—	—

Zahlentafel 7.

Versuche von Weighton.

$\frac{Q}{F}$ **konstant.**

Zusammenstellung aus Tafel 1:							Zusammenstellung aus Tafel 4:						
Gruppe	Lfde. Nr.	c m/sek.	W kg/Std.	$\frac{Q}{F}$	k_1	k_2	Gruppe	Lfde. Nr.	c m/sek.	W kg/Std.	$\frac{Q}{F}$	k_1	k_2
L	5	0,387	6 920	18 970	1580	131	P	71	0,3720	6 850	30 800	1360	60
	4	0,619	11 430	19 800	1700	146		70	0,6100	11 250	31 370	1450	67
	3	0,871	16 100	20 000	1820	165		69	0,8630	15 930	31 570	1630	84
	2	1,119	20 650	20 700	2095	212		68	1,1030	20 380	31 800	1690	90
	1	1,380	25 520	18 560	1875	189		67	1,3900	25 720	30 850	1460	69
M	10	0,375	6 860	28 200	1730	106	Q	66	0,3750	6 860	45 850	1670	61
	9	0,622	11 450	26 900	2080	161		65	0,6150	11 320	48 100	1970	81
	8	0,871	16 100	28 250	2085	154		64	0,8630	15 930	47 400	1980	83
	7	1,117	20 600	28 070	2095	156		63	1,1070	20 420	48 800	2120	92
	6	1,400	25 900	28 300	2025	145		62	1,3810	25 540	48 000	2320	112
N	15	0,378	6 880	39 400	1945	96	R	61	0,6120	11 250	72 000	2510	88
	14	0,622	11 420	40 900	2340	134		60	0,8680	16 000	74 500	2850	109
	13	0,875	16 110	42 600	2730	175		59	1,0750	20 430	74 900	3060	125
	12	1,120	20 700	43 400	3080	219		58	1,3750	25 400	75 250	2925	114
	16	1,357	25 040	44 850	2870	184		—	—	—	—	—	—
	11	1,377	25 450	44 000	2745	171		—	—	—	—	—	—
O	21	0,378	6 850	47 300	2185	100	S	57	0,8625	15 830	95 900	3055	98
	20	0,628	11 480	50 100	2530	128		56	1,1200	20 600	93 250	3370	122
	19	0,869	15 980	53 000	3025	173		55	1,4100	26 030	90 500	3700	151
	18	1,116	20 540	48 700	3240	215		—	—	—	—	—	—
	17	1,377	25 410	51 300	3530	242		—	—	—	—	—	—

Zahlentafel 8.

	Nach Gl. Nr.	1	2	3	4	5	6	7	
Kühlwasserverhältnis w (angenommen)	—	30	35	40	45	50	55	60	—
Stündlicher Kühlwasserverbrauch $W' = \frac{w \cdot D}{1000}$ . .	—	240	280	320	360	400	440	480	cbm/Std.
Kühlwasser-Austrittstemperatur $t_2 = t_1 + \frac{\lambda - q}{w}$.	2	39,3	36,5	34,45	32,85	31,6	30,5	29,65	° C.
$\beta = t_3 - t_2 = 41{,}3 - t_2$. .	—	2	4,8	6,85	8,45	9,7	10,8	11,65	„
Mittlere Temperaturdifferenz $\vartheta = \frac{\lambda - q}{k \cdot f}$ . . .	6				9,65				„
$\alpha = 2\vartheta - \beta = 19{,}3 - \beta$.	3	17,3	14,5	12,45	10,85	9,60	8,50	7,65	„
Temperatur der abgesaugten Luft $t_4 = t_1 + \alpha$. .	8	37,3	34,5	32,45	30,85	29,60	28,50	27,65	„
Absol. Dampfdruck, entspr. t_4, aus Dampftabelle d_2	—	666	558	500	461	425	408	381	kg/qm
Absol. Druck der abgesaugten Luft $l_2 = p_0 - d_2$	—	134	242	300	339	375	392	419	„
$l = \frac{v \cdot 10000}{l_2} = \frac{14000}{l_2}$. .	4	104,5	58	46,7	41,3	37,4	35,7	33,4	cdcm/kg
$L' = \frac{L}{1000} = \frac{l \cdot D}{1000}$ . . .	—	836	464	374	330	299	286	267	cbm/Std.

Zahlentafel 9.

	1	2	3	4	5	6	7	
Kraftbedarf der Luftpumpe $N_l = L' \cdot 0{,}0167$	13,90	7,75	6,25	5,50	5,00	4,75	4,45	PS
Kraftbedarf der Kühlwasserpumpe $N_w = \frac{W' \cdot h}{\eta} \cdot 0{,}0037$ $h = 3$ m, $\eta = 0{,}6$	4,45	5,19	5,93	6,67	7,41	8,15	8,90	„
Kraftbedarf der Kühlwasserpumpe $h = 6$ m, $\eta = 0{,}62$	8,60	10,02	11,48	12,90	14,33	15,78	17,20	„
Kraftbedarf der Kühlwasserpumpe $h = 9$ m, $\eta = 0{,}64$	12,50	14,60	16,70	18,75	20,85	22,95	25,00	„
Kraftbedarf der Kühlwasserpumpe $h = 12$ m, $\eta = 0{,}66$	16,17	18,87	21,55	24,25	26,95	29,65	32,40	„
Gesamtkraftbedarf $N_l + N_w$ bei $h = 3$ m	18,35	12,94	12,18	12,17	12,41	12,90	13,35	„
Gesamtkraftbedarf $h = 6$ m . .	22,50	17,77	17,73	18,40	19,33	20,53	21,65	„
„ $h = 9$ m .	26,40	22,35	22,95	24,25	25,85	27,70	29,45	„
„ $h = 12$ m.	30,07	26,62	27,80	29,75	31,95	34,40	36,85	„

Zahlentafel 10.

Spalte		1				2				3				4				5				
Oberflächenverhältnis f (angenommen)		0,05				0,04				0,03				0,025				0,02				
Wärmedurchgangskoeffizient: $k = 990 + q \times 0{,}035$		1410				1510				1680				1820				2030				
Kühlfläche: $F = f \,.\, D$.	qm	400				320				240				200				160				
Mittlere Temperaturdifferenz: ϑ	°C.	8,23				9,6				11,5				12,7				14,3				
$2 \,.\, \vartheta$	°C.	16,5				19,2				23				25,4				28,6				
Kühlwasserverhältnis w (angenommen)		25	30	35	40	30	35	40	45	40	45	50	55	45	50	55	60	55	60	65	70	80
Kühlwasser pro Stunde: $W' = \frac{w \,.\, D}{1000}$	cbm	200	240	280	320	240	280	320	360	320	360	400	440	360	400	440	480	440	480	520	560	640
Kühlwasseraustrittstemperatur: t_2	°C.	43,2	39,3	36.6	34,5	39,3	36,6	34,5	32,9	34,5	32,9	31,6	30,5	32,9	31,6	30,5	29,7	30,5	29,7	28,9	28,3	27,25
$\beta = t_3 - t_2 = 41{,}3 - t_2$	°C.	— 1,9	2,0	4,7	6,8	2	4,7	6,8	8,4	6,8	8,4	9,7	10,8	8,4	9,7	10,8	11,6	10,8	11,6	12,4	13,0	14,05
$\alpha = 2\,\vartheta - \beta$	°C.	—	14,5	11,8	9,7	17,2	14,5	12,4	10,8	16,2	14,6	13,3	12,2	17	15,7	14,6	13,8	17,8	17	16,2	15,6	14,55
$t_4 = t_1 + \alpha = 20 + \alpha$.	°C.	—	34,5	31,8	29,7	37,2	34,5	32,4	30,8	36,2	34,6	33,3	32,2	37	35,7	34,6	33,8	37,8	37	36,2	35,6	34,55
d_2 (aus Dampftabelle) .	kg/qm	—	555	485	426	653	555	499	461	616	563	525	495	641	598	563	541	667	641	616	586	565
$l_2 = 800 - d_2$	kg/qm	—	245	315	374	147	245	301	339	184	237	275	305	159	202	237	259	133	159	184	214	235
$l = \frac{14\,000}{l_2}$	cbm	—	57	44,5	37,5	95,5	57	46,5	41,5	76	59	51	46	88	69,5	59	54	105	88	76	65,5	59,5
$L' = \frac{l \,.\, D}{1000}$	cbm	—	456	356	300	762	456	372	332	608	472	408	368	705	556	472	432	842	705	610	524	476
$N_l = 0{,}0167 \,.\, L'$	PS.	—	7,6	5,95	5,0	12,7	7,6	6,2	5,55	10,15	7,9	6,8	6,15	11,8	9,3	7,9	7,2	14,05	11,8	10,2	8,75	7,95
$N_w = 0{,}0359 \,.\, W'$ . . .	PS.	—	8,6	10,05	11,5	8,6	10,05	11,5	12,9	11,5	12,9	14,4	15,8	12,9	14,4	15,8	17,2	15,8	17,2	18,7	20,1	22,6
$N_l + N_w$	PS.	—	16,2	16,0	16,5	21,3	17,65	17,7	18,45	21,65	20,8	21,2	21,95	24,7	23,7	23,7	24,4	29,85	29	28,9	28,9	30,55

Zahlentafel 11.

p	3500			5500			7000			9000		
n	1,3	1,35	1,41	1,3	1,35	1,41	1,3	1,35	1,41	1,3	1,35	1,41
$\frac{n}{n-1} = b$	4,333	3,857	3,437	4,333	3,857	3,437	4,333	3,857	3,437	4,333	3,857	3,437
$p \cdot b$	15 150	13 490	12 020	23 800	21 200	18 890	30 300	26 980	24 030	38 950	34 700	30 900
$\frac{p_1}{p} = f$	3,143			2			1,517			1,222		
$lg\,f$	0,49734			0,30103			0,19618			0,08707		
$\frac{n-1}{n} = a$	0,2308	0,2593	0,2908	0,2308	0,2593	0,2908	0,2308	0,2593	0,2908	0,2308	0,2593	0,2908
$a \cdot lg\,f$	0,1149	0,129	0,1447	0,0695	0,0781	0,08755	0,0453	0,0509	0,0571	0,0201	0,0226	0,02534
f^a	1,303	1,346	1,395	1,174	1,197	1,223	1,110	1,124	1,141	1,047	1,053	1,060
$f^a - 1$	0,303	0,346	0,395	0,174	0,197	0,223	0,110	0,124	0,141	0,047	0,053	0,060
$L = p \cdot b\,(f^a - 1)$	4590	4660	4750	4140	4180	4210	3330	3340	3390	1830	1838	1852
L umgerechnet in mm des Zeichenmaßstabes der Fig. 29	22,95	23,30	23,75	20,70	20,90	21,05	16,65	16,70	16,95	9,15	9,20	9,25

Zahlentafel 12. **Berechnung von L nach Gleichung (38) für 1 cbm Hubvolumen ($v = 1$).**

Spalte	1	2	3	4	
p_1	11 000				kg/qm
α	0.01				
σ	0,03				
p	500		1000		kg/qm
δ	0,00	0,04	0,00	0,04	
$p' =$	$\frac{11\,000 \,.\, 0{,}04 + 500 \,.\, 1{,}03}{1{,}07} = 892{,}5$		$\frac{11\,000 \,.\, 0{,}04 + 1000 \,.\, 1{,}03}{1{,}07} = 1374$		kg/qm
$p_4 =$	$= p' = 892{,}5$	$\frac{11\,000 \,.\, 0{,}04 + 892{,}5 \,.\, 1{,}04}{1{,}07} =$ 1278,5	$= p' = 1374$	$\frac{11\,000 \,.\, 0{,}04 + 1374 \,.\, 1{,}04}{1{,}07} =$ 1747	„
$L_1 =$	$\frac{892{,}5 \,.\, 1{,}04}{0{,}3}\left[\left(\frac{11\,000}{892{,}5}\right)^{0{,}231} - 1\right] =$ 2430	$\frac{1278{,}5 \,.\, 1{,}08}{0{,}3}\left[\left(\frac{11\,000}{1278{,}5}\right)^{0{,}231} - 1\right] =$ 2964	$\frac{1374 \,.\, 1{,}04}{0{,}3}\left[\left(\frac{11\,000}{1374}\right)^{0{,}231} - 1\right] =$ 2942	$\frac{1747 \,.\, 1{,}08}{0{,}3}\left[\left(\frac{11\,000}{1747}\right)^{0{,}231} - 1\right] =$ 3331	mkg
$u =$	$1{,}04\left(\frac{892{,}5}{11\,000}\right)^{0{,}769} - 0{,}04 =$ 0,110 74	$1{,}08\left(\frac{1278{,}5}{11\,000}\right)^{0{,}769} - 0{,}08 =$ 0,126 37	$1{,}04\left(\frac{1374}{11\,000}\right)^{0{,}769} - 0{,}04 =$ 0,170 05	$1{,}08\left(\frac{1747}{11\,000}\right)^{0{,}769} - 0{,}08 =$ 0.182 37	cbm
$L_2 = p_1 \,.\, u$	1218	1390	1871	2006	mkg
$L_1 + L_2$	3648	4354	4813	5337	„
$L_3 =$	$892{,}5 \,.\, 0{,}03 \,.\, ln \frac{892{,}5}{500} = 15{,}5$		$1374 \,.\, 0{,}03 \,.\, ln \frac{1374}{1000} = 13{,}1$		„
$r =$	$0{,}03\left(\frac{892{,}5}{500} - 1\right) = 0{,}023\,55$		$0{,}03\left(\frac{1374}{1000} - 1\right) = 0{,}011\,22$		cbm
$L_4 =$	$500 \,.\, 0{,}976 = 488$		$1000 \,.\, 0{,}989 = 989$		mkg
$L_3 + L_4 =$	504		1002		„
$L =$	3144	3850	3811	4335	„

Zahlentafel 13.

Beschleunigungsdrücke pro Quadratzentimeter Niederdruckfläche.

unten

Umdrehungen pro Minute	Kolbenweg in Bruchteilen des Hubes:										
	0,0	0,1	0,2	0,3	0,4	0,5	0,6	0,7	0,8	0,9	1,0
100	0,117	0,0882	0,0615	0,036	0,0123	— 0,009 32	— 0,0288	— 0,0456	— 0,0597	— 0,0708	— 0,0777
200	0,471	0,355	0,247	0,145	0,0497	— 0,037 6	— 0,108	— 0,184	— 0,241	— 0,285	— 0,313
300	1,055	0,795	0,553	0,325	0,111	— 0,084	— 0,26	— 0,411	— 0,538	— 0,638	— 0,7
350	1,435	1,085	0,755	0,442	0,1515	— 0,115	— 0,354	— 0,56	— 0,733	— 0,870	— 0,95

oben

Zahlentafel 14.

Versuchsergebnisse an Westinghouse-Leblanc-Luftpumpen.

Spalte	1	2	3	4	5	6	7	8	9	10
Laufende Nummer	Aufschlagwassermenge	Saughöhe	Kraftbedarf (N_e)	Pro cdcm Wasser geleistete Arbeit	l. W. der Düse zur Luftmessung	Gewicht der pro Sekunde angesaugten Luft	Absoluter Druck im Kondensator	Sekundlich angesaugtes Luftvolumen	Pro cdcm Wasser angesaugtes Luftvolumen	Absoluter Luftdruck
	cdcm/Sek.	m	PS.	mkg	mm	g	mm Hg.	cdcm	cdcm	mm Hg.
40 PS.-Pumpe, 480 Umdrehungen pro Minute, Wassertemperatur 8,5° C.										
1	16	8,1	22	103	0	0	9	0	0	—
2	27	6,8	28	78	2	0,75	11	176	6,5	3
3	35,5	5,4	36,5	77	4	2,87	18	176	5	10
4	34	5,4	36,5	78,5	6	6,16	24	147	4,4	16
20 PS.-Pumpe, 720 Umdrehungen pro Minute, Wassertemperatur 9,5° C.										
5	11,5	8	11,3	73,8	0	0	9	0	0	--
6	12,4	7,8	11,3	68,5	2	0,72	15	74	6	6
7	16,8	7,2	15,7	70	4	2,87	32	76	4,5	23
8	21	5,4	19,6	69,2	6	6,46	60	76	3,6	51
9	22,5	4	20,5	68,3	8	11,50	109	70	3,1	100

Zahlentafel 15.

Spalte	Versuchsnummer	2	3	4	6	7	8	9
1	Absoluter Luftdruck (p) kg/qm	41	136	218	82	312	693	1360
2	Sekundlich angesaugtes Luftvolumen (V). . cbm	0,150	0,174	0,232	0,075	0.079	0,079	0,072
3	Theoretischer Kraftbedarf (N_i). . . . . PS.	0,45	1,36	2,60	0,40	1,15	1,96	2,63
4	Wirkungsgrad $\eta = \frac{N_i}{N_e}$	0,016	0,037	0,071	0,0355	0,073	0,10	0,128

Additional material from *Die Berechnung der Luftpumpen für Oberflächenkondensation unter besonderer Berücksichtigung der Turbinenkondensationen*, 978-3-662-33697-7, is available at http://extras.springer.com